AF363445

INDICATEUR STATISTIQUE

VITICOLE

DES DÉPARTEMENTS

DE

L'AUDE, DE L'HÉRAULT

ET DES

PYRÉNÉES-ORIENTALES

INDICATEUR STATISTIQUE

VITICOLE

DES DÉPARTEMENTS

DE

L'AUDE, DE L'HÉRAULT

ET DES PYRÉNÉES-ORIENTALES

COMPRENANT

1º Une notice sur le terroir des principales communes
produisant des vins ;
2º Désignation des principaux propriétaires,
3º Qualité et quantité approximative
du nombre d'hectolitres qu'ils récoltent annuellement.

PAR

L. BASSI

Ancien comptable

AUTEUR DE PLUSIEURS OUVRAGES DE STATISTIQUE

ET

Louis CARANEUVE.

Première Édition

TOULOUSE

IMPRIMERIE SAVY, ALLÉE LOUIS-NAPOLÉON, 10 BIS.

1863

AVANT-PROPOS.

Depuis quelques années, les populations consomment beaucoup plus de vin; cela tient au bien-être général, à la facilité des transports, à la création surtout des chemins de fer. La consommation plus grande entraîne nécessairement une production plus importante; et voilà conséquemment les causes, non-seulement de plantations nombreuses, mais de la transformation qui s'opère aujourd'hui dans la nature du vin qui se produit.

Jusqu'à l'invasion de l'oïdium dans le Midi, on plantait, non-seulement des cépages pour obtenir l'alcool, mais le vin de tous ces derniers était traité comme vin de chaudière ; aujourd'hui, les vins des cépages sans distinction, sont traités en général comme vins pour la consommation. De là, toute une révolution à l'époque de la vendange ; le temps de la cuvaison et les soins consécutifs donnés aux vins dans le courant de l'année. Ainsi donc, la masse des propriétaires s'agite pour opérer cette transformation des vins de chaudière en vins potables ; les uns sont destinés à passer par les mains du commerce avant d'arriver à la consommation ; les autres seront, dans un temps peu éloigné, destinés à passer directement du producteur chez le consommateur. Actuellement les propriétaires cherchent à produire du vin pour le commerce et pour la consommation.

Les commerçants de tous les pays ont donc intérêt à connaître les producteurs qui travaillent pour eux ; tel est donc le but de l'INDICATEUR de la production que nous publions aujourd'hui , INDICATEUR qui sera également utile aux rares propriétaires plus avancés qui travaillent déjà pour la consommation directe , car notre INDICATEUR actuel fait connaître en partie l'existence de ces rares produits. Ces derniers se multiplieront rapidement , car le propriétaire , enfin mieux éclairé , ne travaillera plus pour le commerce , il voudra profiter lui-même des gros bénéfices que celui-ci fait à ses dépens.

Ce sera donc de cet état de choses , que naîtra eette seconde révolution qui, comme nous l'avons dit , consistera à produire des vins, surtout pour la consommation directe. Mais pour arriver là, il faut que le consommateur puisse être mis en rapport avec le producteur ; or , tel sera le but de l'Indicateur de la consommation qui sera publié en temps opportun et qui fera connaître aux propriétaires les noms et les besoins annuels des principaux consommateurs.

A cet effet, nous sommes persuadé d'avance que la propriété nous secondera , car elle comprend que son avenir dépend surtout de la vente directe sans le concours du commerce.

Ce bien général , nos Indicateurs contribueront à le produire. Aussi nous espérons qu'ils seront accueillis favorablement.

L. BASSI.

FAURÉ

FABRICANT DE

FOUDRES ET CUVES

CHEMIN DE PÉRIOLE

DERRIÈRE LA GARE DU CHEMIN DE FER

TOULOUSE

Médaille d'argent à l'exposition de Toulouse en 1858.
Médaille d'argent (1er Prix) à l'exposition de Montauban en 1862.

L'habileté et l'intelligence qui président à la confection des foudres et cuves qui se font dans l'atelier du sieur Fauré, les diverses récompenses qu'il a obtenues aux expositions de Toulouse et de Montauban, sont un sûr garant de la confiance que MM. les propriétaires et négociants doivent accorder à cet habile ouvrier qui a des relations nombreuses avec Béziers, Narbonne et les communes viticoles les plus importantes de l'Hérault et de l'Aude.

Le sieur Fauré prévient MM. les propriétaires qu'il fabrique des foudres en bois ordinaire à des prix très-modérés; avec du bois des États-Unis, à prix débattus; il fabrique aussi des foudres et cuves avec le fonds en chêne, à double fonds, convexe dans le haut, et en garantit la solidité.

DÉPARTEMENT

DE

L'AUDE

DÉPARTEMENT DE L'AUDE.

Parmi les importants produits du département, les vins figurent en tête des productions agricoles. De tout temps les vins du Narbonnais, généralement de bonne qualité et très estimés pour les mélanges, ont été activement recherchés pour le commerce.

Le département de l'Aude est un pays où l'agriculture est dans un état prospère ; aussi nous hâtons-nous de rendre un juste hommage aux intelligents propriétaires, si les pratiques sont plus avancées que dans beaucoup de départements du Midi. La vigne surtout est l'objet des soins les plus assidus, rien n'est négligé pour améliorer les vignobles dont les produits sont presque incalculables.

Nous eussions bien voulu dans un court exposé pouvoir faire l'éloge particulier des propriétaires les plus importants, mais comme le nombre en est trop grand, nous avons cru qu'il serait plus opportun de le faire dans notre seconde édition. En citant la propriété de Montfort en tête des vins du Narbonnais, nous avons voulu rendre un juste hommage à M. le Baron, que la nature a doué d'un cœur noble et généreux , et qui est toujours disposé à prêter son concours à ceux qui , par leur intelligence et par un travail sans relâche, cherchent à se rendre utiles à leur pays.

Si , comme nous l'avons fait pour le département de l'Hérault, nous donnons la nomenclature des principaux propriétaires de celui de l'Aude avec la quantité approximative de vins qu'ils récoltent annuellement , nous avons voulu aussi faire un choix parmi les plus importants et consacrer quelques lignes à leur propriété.

Nous avons parcouru dans tous les sens les dépendances du château de Montfort, situé à 5 kilomètres environ de Narbonne ; nous y avons remarqué de magnifiques vignobles admirablement bien exposés au soleil , complantés sur un sol rocailleux , dont les produits peuvent être classés parmi les meilleurs du Narbonnais.

Ce qui a le plus particulièrement fixé notre attention , ce sont les belles plantations du cépage produisant le délicieux vin de Malvoisie que nous avons dégusté , et qui , certes , peut rivaliser avec ceux des principaux crûs de l'Espagne. Ces vins, connus sous le nom de Malvoisie de Montfort, dont M. le baron a été le premier à introduire le cépage dans le Narbonnais, figureront, nous en sommes persuadé , sur les tables de nos plus fiers gourmets.

Nous sommes heureux de pouvoir donner ici notre appréciation et affirmer que peu de vins fins peuvent lui être comparés.

La belle propriété de Montfort produit en

moyenne 4,000 hectolitres de vin rouge de qualité supérieure et 300 hectolitres de délicieux Malvoisie.

Commune Arnissan (d').

à 8 kilomètres. de Narbonne, 3 de Vinassan.

Les produits de cette localité sont bons pour le commerce seulement.

Principaux propriétaires.

MM.

Vié Jules, récolte 2,800 hect. vin rouge ; Bras Lucien, 450 ; Bécas frères, 440 ; Romain Benoit, 350 ; Romain Hercule, 300 ; Revel Hippolyte, 300 ; Villebrun François, 280 ; Pomarède, 250 ; Bonhomme Auguste, 200 ; Bousquet Joseph, 200 ; Planés Louis, 200.

La propriété de plan de Roques appartient à M. Barthe Urbain, elle produit en moyenne 200 hect. vin rouge 2ᵉ choix.

Commune de Bages,

A 8 kilom. de Narbonne.

—

La belle propriété d'Estarac appartient à M. Payre, chevalier de la Légion-d'Honneur. Elle est composée de cent hectares de vigne qui produisent en moyenne 2,000 hect. vins noirs, réputés 1re qualité de Narbonne.

Le domaine Le Pavillon appartenant à M. Vic François, est situé à 2 kilom. de Bages, et à 5 kilom. de Narbonne, sur la route Impériale de Perpignan. Il produit 160 hect. vin noir hors ligne (de Quatourzes). Produira dans 2 ans 200 hect. même qualité.

———

Commune de Coursan.

Située à 7 kilom. de Narbonne, station du chemin de fer de Béziers à Narbonne.

—

Les principaux cépages de cette localité sont : l'Aramon, le Carignan et le Terret.

Principaux Propriétaires.

MM.
Salaman Jacques, récolte 2,000 hect. 3me qualité ; Salaman Jules, 2,000, 1re qualité ; Poula-

liès, 2,000, 2ᵉ qualité ; Martin, Juge de Paix,
1,500, 2ᵉ qualité ; Daunis Jean, 1,500, 2ᵉ qualité ; Martin, Juge à Narbonne, 1,500, 2ᵉ qualité ; Cazals François, 1,500, 2ᵉ qualité ; Bécas,
Maire, 1,200, 2ᵉ qualité ; Laforgue Frédéric,
1,000, 2ᵉ qualité ; récoltera dans deux ans 4,000
environ ; Razimbaud, 1,000, 2ᵉ qualité.

En faisant succinctement l'éloge de l'une des
plus considérables et importantes propriétés de
nos contrées méridionales, nous avons voulu rendre un juste hommage à M. Tapié-Mengaud, propriétaire du domaine de Céleyran, à 3 kilom. environ de Coursan, et à M. Aubinel François, contre-maître gérant pour la direction des travaux
agricoles, qui a consacré 33 ans à d'importantes
améliorations, en appliquant ses connaissances à
augmenter la valeur et les produits des terres qui
lui sont confiées.

Le domaine de Céleyran, sur le territoire de la
commune de Coursan, est situé dans l'arrondissement de Narbonne, sur les bords de l'Aude, à
15 kilom. de la mer ; il se compose de 560 hect.
de terres, dout la partie la plus remarquable est
celle où se pratiquent des cultures très-variées,
formées en majorité de terres d'alluvion fort
riches.

M. Tapié-Mengaud s'occupe depuis près de 52
ans de cette terre qu'il habite constamment et où
il est, depuis l'origine, secondé par un régisseur
actif, intelligent, plein d'un zèle remarquable.

La magnifique propriété de Céleyran offre un
modèle de très-bonne culture ; aussi, l'opinion pu-

blique, toujours juste à l'égard des hommes utiles à leur pays, tient en haute estime l'honorable M. Tapié-Mengaud qui a toujours donné le salutaire exemple d'une sympathie vraie, d'une paternelle bienveillance pour la population rurale et les serviteurs qui l'entourent. Nous sommes heureux de pouvoir rendre grâce à l'homme riche et éclairé qui, habilement secondé par son gérant, comprend on ne peut mieux sa mission d'humanité et de progrès.

36 hectares de terres maigres ont été plantées de mûriers et d'oliviers ; 156 hectares de sol d'une nature bien plus fertile, produisent des racines, des céréales, des vesces et des prairies artificielles parmi lesquelles domine la luzerne. La graine de ces luzernes est pour ce domaine l'objet d'une importante spéculation.

La vigne occupe une notable portion du domaine de Céleyran, 170 hectares environ. Les vignobles produisent en moyenne, 8,670 hectolitres.

En 1830, une partie de terrains arides où la végétation était autrefois impuissante a été, par les soins de M. Aubinel, gérant au château de Céleyran, plantée de vignes. Cet homme, d'une intelligence rare, certain que la méthode de plantation ordinaire n'aurait point réussi, s'est inspiré d'un fait général, qui se rattachait au but qu'il poursuivait et qui appartenait alors à la sylviculture ; il forma avec les plants qu'il destinait à ces hauteurs, une espèce de pépinière, et, lorsque la végétation eut acquis une certaine vigueur et les organes à la vie une certaine force, il transporta ces souches, pour ainsi dire rudimentaires, sur ces terrains ingrats. Elles y vivent aujourd'hui donnant des résultats satisfaisants. Cette méthode de planter la vigne s'est généralisée dans nos contrées, et elle est connue sous le nom de plantation en POURETTE.

Nous avons vu les magnifiques constructions de Céleyran qui, certes, sont des modèles, mais des modèles à l'usage seul des grandes fortunes, quoiqu'en réalité, un trop grand luxe n'ait pas dominé dans leur établissement. Pendant l'élaboration de notre ouvrage, nous avons visité un très-grand nombre de caves ; aussi, nous n'hésitons pas à constater, que c'est probablement chez M. Tapié-Mengaud que se voient les plus beaux et les plus vastes celliers de tout le Midi.

En visitant les écuries, nous avons remarqué qu'elles sont en rapport avec les besoins du domaine, et réunissent toutes les conditions d'une bonne hygiène.

35 chevaux ou mulets d'une belle taille, dans un état satisfaisant, garnissent les écuries.

16 bœufs dans un état très-satisfaisant.

Un troupeau de 1,200 bêtes de race croisée mérinos, est logé dans une très-belle et bonne bergerie.

Une troupe de 70 chevaux de Camargue vient ajouter son intérêt à ce qui se voit à Céleyran.

Enfin, il existe à Céleyran des mûriers assez étendus pour permettre une éducation de dix-huit onces de grains, une olivette bien tenue, bien travaillée.

En un mot , l'ensemble de la belle exploitation de Céleyran offre des caractères on ne peut plus tranchés de progrès évidents et d'accroissement énorme de revenu net ; aussi , au concours de Carcassonne, en 1859 , M. Tapié a obtenu la plus grande médaille d'or décernée par M. le Ministre de l'Agriculture.

Avant de terminer cet exposé , nous énumérons les diverses récompenses que M. Tapié-Mengaud a obtenues , avec le concours intelligent que lui a constamment prêté M. Aubinel, son contre-maître. Savoir : En 1854 , prime de 500 francs , accordée par la société d'agriculture ; exploitation réunissant la plus forte culture fourragère, et de bétail bien tenu. M. Tapié, qui fréquente les concours régionaux depuis leur création , a obtenu à Carcassonne, Montpellier , Perpignan , Nîmes, plusieurs prix pour les animaux bêtes bovines et produits agricoles : médailles d'or , d'argent , de bronze , etc.

En 1857, la commission de la Société d'Agriculture de l'Aude , n'ayant pas voulu accorder à M. Tapié la même récompense qu'il avait obtenue en 1854, a décerné à M. Aubinel, son gérant , une grande médaille d'or pour l'intelligence et le dévouement qu'il apporte dans les délicates fonctions dont il est investi.

Le 17 mai 1854 , la Société d'encouragement pour l'industrie nationale a accordé à M. Aubinel une médaille de bronze ainsi que divers ouvrages sur l'Agriculture , pour avoir consacré 22 ans environ sur le domaine de Céleyran et y avoir appliqué ses connaissances à augmenter la valeur et les produits des terres qui lui sont confiées.

Puissions-nous, dans un temps peu éloigné, voir accorder à ces messieurs la récompense que S. M. l'Empereur réserve à ceux qui, par des travaux assidus, portent toujours haut le drapeau de l'Agriculture.

Monsieur REICHE, propriétaire et commissionnaire à Coursan.

Voulant surtout éviter que MM. les Propriétaires et Négociants entre les mains desquels notre ouvrage pourra se trouver, nous adressent des reproches sur le choix que nous avons fait des Commissionnaires, nous nous sommes assuré, avant de faire figurer leurs noms dans cet ouvrage, non-seulement de leur probité, mais encore de la confiance dont ils jouissent dans le pays.

Nous désignons à Coursan le sieur REICHE Philippe, comme homme probe et intelligent, auquel MM. les Négociants du Nord et du Midi peuvent s'adresser avec la plus entière confiance.

Monsieur REICHE tient une voiture à la disposition de MM. les Négociants.

Commune de Cuxac,

A 6 kilomètres de Narbonne.

—

Les principaux cépages des vignobles de Cuxac,
sont l'Aramont, le Carignan, l'Alicante et le
Mataro.

Principaux propriétaires.

MM.

Tapié-Mengaud, récolte 5,000 hect. 1re qualité ; Pomairon, maire, 4,000, 2e qualité; de St-
André, 4,000, 1re qualité ; Andoque, 3,000, 2e
qualité ; Delaude, 2,000, 2e qualité ; Coffopé,
1,000, 1re qualité.

Commune de Fleury,

A 13 kilomètres de Narbonne.

—

Les principaux cépages de cette commune, dont
les produits sont très remarquables par leur
bonté, sont le Carignan et l'Alicante.

Principaux propriétaires.

MM

Tapié-Mengaud, récolte 1,100 hect. hors-ligne de Grasset, 6,000 dont 3,000 1re qualité; 3,000 de 2e qualité ; Poujol, 6,000 dont 3,000 1re qualité, et 3,000 2e qualité ; Anglès, 3,500, 2e qualité ; Sylvain, 1,500, 2e qualité ; Arnaud, 1,500, 1re qualité ; Vignard, 1,000, 1re qualité ; divers propriétaires, 4,000, de qualités diverses.

Commune de Ginestas,

A 11 kilomètres de Narbonne et 7 de la gare de Marcorignan.

Les principaux cépages de cette localité sont : l'Alicante et le Grenache.

Principaux propriétaires.

MM

Camans-Julien, récolte 1,200 hect. vin rouge; Castel-Grégoire, 1,200 ; Piquet, 1,200 ; Caunes aîné, 1,200 ; Bardel Prosper, 1,000 ; Pittore , 1,000 ; Gapet Paul , 1,000 : Grandjoux, 600 ; Caunes Auguste , 400 ; Caunes Eugène , 400 ; Mathias Jean , 300.

Commune de Lézignan,

Station de chemin de fer , à 21 kilomètres de Narbonne.

—

Les principaux cépages sont le Carignan et le Grenache.

Principaux propriétaires.

MM.

Sarda Auguste, à Caumont, récolte 5,000, hect. vin rouge ; la marquise d'Exéa , 5,000 ; de Kerroitz (à Gaujac), 5,000 ; Barthez Hyacinthe , 5,000 ; Martin, maire de Lézignan, 1,200; Peyrusse Eugène , chevalier de la Légion-d'Honneur , maire de Narbonne, 1,200 ; Mazard Jules, 1,200 ; Cabrier Armand, juge de paix , 1,200 ; Cugnet Louis , 1,200 ; Daude , docteur , 1,000; Fort Louis , 1,000 ; Espitallier Bernard, 1,000; Barthez Louis , 1,000 ; Théron. notaire , 800; Bertrand , cadet , 800 ; Barthez père , 800 ; Perpère , pharmacien , 800 ; Lafage Prosper ,

600 ; Castel frères , 800 ; Bédrie Jean-Pierre , 600 ; Lasserre Achille , 600 ; Castié Finou, 400; Bédrie Adolphe, 500 ; Bédrie Janou , 400.

Le domaine de Montrabich , situé sur le territoire de cette commune, appartient à M. de Martin , médecin à Narbonne. Il produit en moyenne 4,000 hectolitres vin pour la consommation provenant de vignes plantées , soit mélanges , soit par alignement séparés, soit en plantations exemptes de mélanges , des cépages de Carignan , Grenache, Terret. Il existe aussi sur ce domaine des plantations jeunes de Muscat, de Malvoisie , de Tokai , de Piquepoul d'Uzès. Les vins de Montrabich , admis à l'Exposition universelle de Paris en 1855 , ont obtenu une médaille de seconde classe.

Le domaine de l'Etang , situé partie sur le territoire de cette commune , partie sur celui de Cruscades, appartient à M. Barlabé, propriétaire à Narbonne. Il produit 4,000 hectolitres environ vins de 1er et 2e choix. Il produira dans deux ans 6,000 hectolitres environ. Principaux cépages : Carignan et Alicante.

La probité et la loyauté étant les qualités indispensables pour le Commissionnaire , nous n'avons point hésité à faire le choix du sieur JAUME Auguste , homme actif et intelligent, qui jouit de la considération et de l'estime publique. MM. les Négociants peuvent s'adresser à lui avec toute confiance.

HOTEL ET CAFÉ

DU

LUXEMBOURG

TENU PAR

BÉZIAT

A

LÉZIGNAN

Ce vaste établissement, que M. Béziat a eu l'heureuse idée de transformer en le remettant complètement à neuf, est très-agréablement situé. Les chambres sont commodes et bien aérées ; la cuisine est bonne ; le service y est fait avec célérité.

En rendant hommage au sieur Béziat, qui a su classer son hôtel au premier rang de ceux des petites villes de province, nous recommandons son établissement à MM. les Voyageurs, Négociants et Étrangers qui y trouveront tout le confort que l'on peut désirer en voyage.

Commune de Marcorignan

Station de chemin de fer, à 2 kilomètres de Saint-Marcel.

—

Les vins des propriétaires dont les noms suivent, sont de 1er et 2e choix. Ils sont composés de Terret, Aramon, Piquepoul, Carignan et Alicante.

MM.

Mignard Thimothée, récolte 5,000 hect. vin rouge ; Anselme, 5,000 ; Bouis aîné, 1,800 ; Bouis Alcide (la veuve), 1,500 ; Berthy Martin, 1,000 ; Berthy fils, 500 ; Bourdel, 500 ; Lombard Joachim et son frère, 400.

Les vins de premier choix se composent de Carignan et d'Alicante, c'est-à-dire très alcooliques, très-chargés en couleur, conséquemment bons pour le commerce.

MM.

Chavernac frères, récoltent 500 hect. vin rouge ; Joufret frères, 500 ; Chavernac Hippolyte, 500 ; Fort frères, 400 ; Coffopé, 200, Taudou, 100.

Nota. — Les vins de 2e choix se livrent à la consommation directe.

Commune de Narbonne.

La belle propriété de Montfort produit en moyenne 4,000 hectolitres de vin rouge de qualité supérieure et 300 hectolitres de délicieux Malvoisie.

La campagne de Lunes, située à environ 3 kilomètres de Narbonne, appartient à M. Bonnel Léon, propriétaire ; ses caves reçoivent en moyenne 2,500 hectolitres de vin de 1re qualité et quelques hectolitres de vin de Malvoisie.

La cave de M. Razimbaud Amédée reçoit en moyenne 3,500 hectolitres vin rouge partie 1re qualité, partie seconde.

La cave de M. Thimothée Mignard, de Marcorignan, reçoit 3,200 hectolitres vin 2me qualité.

Razouls Louis, propriétaire à Narbonne, récolte à Prat de Cest 3,000 hectolitres vin rouge 1re qualité ; à la Grangette, commune de Cuxac, 5,000 hectolitres vin 2e qualité.

La cave du Fleix, appartenant à M. Gabriel Bonnel, de Narbonne, reçoit en moyenne 2,000 hectolitres vin rouge bonne 2e qualité.

La cave de M. Bonnel Benoit, de Narbonne, reçoit annuellement 2,000 hectolitres vin de 2e qualité.

La campagne de Montplaisir, située à 4 kilomètres de Narbonne, appartient à MM. Pailhès et Gayraud ; elle produit 1,500 hectolitres vin rouge de 1re qualité , et de 7 à 800 hectolitres de qualité inférieure.

La campagne de Lacoste, située à 2 kilomètres de Narbonne, appartient à M. Bord. Les vignes qui produisent en moyenne 1,000 à 1,200 hectolitres vin de 1re qualité 2e choix (Narbonne) , sont complantées sur des terrains graveleux ; nous y avons trouvé des fourrages d'autant plus remarquables , que nous n'hésitons pas à les signaler à MM. les acheteurs.

Nous nous faisons un devoir de signaler à MM. les propriétaires et au commerce le sieur Roch Hérail , commissionnaire à Narbonne, comme homme actif et intelligent auquel ils peuvent s'adresser avec confiance.

La campagne de Saint-Crésent, située à 500 mètres de Nabonne, appartient à M. Coural ; les vignobles produisent en moyenne 2,000 hectolitres vin rouge 1re qualité.

M. Larraye Frédéric possède une campagne portant le nom de Ste-Croix , à 2 kilomètres de Narbonne. Cette belle propriété , dont les cépages sont complantés sur un terrain connu dans le Narbonnais sous le nom de Catourze , produit en moyenne 800 hectolitres vin rouge de qualité supérieure.

Une campagne , faisant autrefois partie de la Cafforte , appartient au même propriétaire ; elle produit en moyenne 1,000 hect. de vin rouge de 2ᵉ qualité.

M. Théophile Vallière, propriétaire de vignobles situés, partie à la Cafforte, partie tènement de Saint-Salvaire, récolte actuellement 1,200 h. pour la consommation directe et pour le commerce.

Le domaine de la coupe, situé à 3 kilom. de Narbonne, appartenant à M. le marquis de Mirman, produit environ 3,000 hect. de vin noir, 1ʳᵉ qualité; il produit de plus environ 2 à 300 hect. de Piquepoul et une centaine d'hectolitres de grenache; tous ces vins sont remarquables par leur finesse.

Le domaine de Ricardelles, situé à 4 kilom. de Narbonne, donne une récolte moyenne de 1,000 hect., partie en Carignan, partie en Aramont et en Terret, vin 1ʳᵉ qualité pour le commerce. Cette propriété appartient à M. Riols, propriétaire.

La campagne de Beaulieu, située à 6 kilom. de Narbonne, appartient à M. Fauré Hippolyte. Elle produit en moyenne 2,000 hect. vin rouge, 1ᵉʳ choix pour le commerce.

Le domaine de Ricardelles, banlieue de Narbonne près Coursan, produit en moyenne 3,000 hect. vin. Les cépages se composent en vignes séparées de Carignan, Aramont, Terret-Bourrel, Piquepoul et Mourastel. Ce domaine appartient à M. de Martin, propriétaire à Narbonne.

Fresquet, à 6 kilom. de Narbonne, sur la route de Saint-Pons, appartient à M. Narbonès, avocat. Il se compose d'environ 1,500 hectares de vignes récemment plantées, qui doivent augmenter de beaucoup les produits en peu d'années. Plantation exclusive de Carignan et Grenache , premier choix.

Jonquières , à 6 kilomètres de Narbonne , appartient au même propriétaire , qui le crée en ce moment; depuis 2 ans , il y a planté plus de cent mille pieds de souches Carignan et Grenache, dans la proportion de 4/5 Carignan et 1/5 Grenache. Les plantations continuent.

Le sieur SIMONIN Maurice , commissionnaire en vins à Narbonne , est un homme sérieux qui jouit de l'estime et de la confiance publique. C'est donc pour nous un plaisir que de le recommander à MM. les Propriétaires et Négociants du Nord et du Midi.

La propriété de Vintenac d'Aude, sur le bord du Canal du Midi, appartient à M. Seguy Bernard ; elle produit de 7,000 à 7,200 hect. vin , partie 1re qualité , partie 2e.

La propriété de Montlaurès appartient au même propriétaire, elle est située à 6 kilomètres de Narbonne et à 2 kilomètres du Canal ; elle produit en moyenne 5,000 hect. vin , la plus grande partie de 1re qualité.

La propriété de Labastide est située à 4 kilomètres de la gare de Lézignan; elle produit de 5,000 à 5,600 hect. vin 1re qualité. — Il s'y fait des plantations importantes de Carignan et de Grenache.

M. Gauthier Hippolyte possède des terres éparses auprès de Narbonne ; une partie, en vieilles vignes, donne 200 hect. 1re qualité. — Une jeune vigne donne une égale quantité en 2e. Tout réuni 400 hectolitres.

M. Berliac Mathieu , propriétaire du domaine Saint-Joanez, situé à 3 kilomètres de Narbonne , produit 2,200 hectolitres vin 1re qualité. Les cépages sont composés de Carignan et de Grenache.

La propriété de Raonel située à 4 kilomètres de Narbonne, appartient à M. Fabre, adjoint au maire ; elle produit 2,500 hect. vin, bonne 2e qualité. Principaux cépages : Carignan, Alicante et Mataro.

Le domaine de Capoulade appartient à M. Espallac Auguste ; il produit 2,000 hect. vin de montagne.

Le vignoble de Pech-Redon, appartenant au même propriétaire, produit de 4 à 500 hect. 1re qualité Narbonne.

Le domaine du Rivage appartient à Mlle Denise Marty-Parazols. Il possède un vignoble de vingt hectares ; il est situé dans la plaine de Narbonne et se compose de 12 hectares Aramon, 5 hectares Carignan , 3 hectares Terret. Le même domaine produit des céréales , des fourrages , luzernes 1re qualité.

Le domaine de Malvesy, appartenant à Mme Delpech née De Bere, est d'une contenance d'environ 150 hectares. Il produit en moyenne 5,000 hect. vin, dont 1,000 de 2e qualité , et le reste de qualité moyenne.

Le domaine de Tauran , appartenant au même propriétaire et d'une contenance de 150 hectares, produit 4,000 quintaux de fourrages et 500 hect. de grains.

La loyauté et la probité qui doivent toujours présider aux transactions vinicoles sont inséparables.

Le sieur GAILLARD, commissionnaire à Narbonne, qui jouit d'une confiance justement acquise et connaît les meilleurs produits du pays, a droit à une recommandation spéciale de notre part. Nous espérons que MM. les Propriétaires et le Commerce lui tiendront compte de cette juste recommandation.

Le domaine de la Barque, à 6 kilomètres de Narbonne, apparteneant à M. Andoque de Seriège, produit des céréales en assez grande quantité; domaine riverain de la rivière l'Aude, sur lequel ce propriétaire a introduit de puissantes machines mues par la vapeur pour l'irrigation de ses propriétés.

La garance, le coton et diverses plantes industrielles et maraîchères, y sont depuis longtemps cultivées avec avantage. Ce domaine produit en outre environ 2,000 hect. de vin d'Aramont et 4,000 environ qui sont immédiatement convertis en eau-de-vie de divers degrés, conservée dans des réservoirs spéciaux, pour être livrée au commerce au fur et à mesure des demandes.

L'élevage des diverses espèces Bovines, Ovines, Porcines, y est pratiqué sur une assez grande échelle.

Le domaine de Moujan, appartenant au même propriétaire, est à 4 kilomètres de Narbonne; il est situé au pied de la Clape. Ce domaine en voie de transformation possède 80 hectares de prairies naturelles; il fournit aussi abondamment des fourrages artificiels et doit, sous très-peu d'années, produire 6,000 hect. de vin rouge des meilleurs crûs de Narbonne.

La Caforte, près Narbonne, propriété de **M.** de Beaux-Hostes, donne environ 800 hect de vin, dont la plus grande partie de grosse couleur.

Colombet, commune d'Ouveillan, appartenant au même propriétaire, produit environ 600 hect. vins dits premiers ouveillans, rouges, brillants, délicats, prenant un bouquet très-agréable à l'âge de 18 mois, après 6 mois de bouteille.

L'abbé Vène, domicilié à Narbonne, possède dans la commune de Siran, canton d'Olonzac (Hérault), la propriété de la Martelle, distante de **2** kilomètres de Siran. Elle produit en moyenne 500 hect. vins rouges d'excellente qualité, très-alcooliques, de la blanquette et du Tokai. Les cépages sont complantés sur un terrain rocailleux.

Cette propriété, sur laquelle on a fait d'importantes plantations, produira dans 3 à 4 ans une moyenne de 12 à 1,500 hect. environ.

Le domaine Le Tapus appartient à **M.** Cauvet, avocat ; il produit 1,000 hect. environ.

Le Catourze Saint-Simon, appartenant à **M.** Laroque, produit environ 1,000 hect.

Le petit Catourze, appartenant à **M.** Escande, produit 1,000 hect. environ.

La campagne de Crabit appartient à **M.** Gairaud Xavier, elle produit annuellement en moyenne 2,000 hect. environ.

La campagne de Levitte , appartenant à M. de Martrin , président de la société d'agriculture de l'Aude , produit 1,500 hect. environ.

La campagne de Missioulis appartient à M. Rozier ; elle produit en moyenne 800 hect.

Le domaine de Capitoul , à M. Rivière , produit 1,500 hect. environ.

La campagne Boutes, appartenant à M. de Guy, produit 3,000 hect. environ.

La campagne de Bougna appartient à M. Rossignol ; elle produit 2,000 hect. environ.

La campagne de La Mothe appartient à MM. Cousse et Garcie; elle produit en moyenne 3,000 hect. environ bonne qualité.

La campagne de Langil appartient à M. Vié-Anduze; elle produit en moyenne 1,000 hect.

Le devoir que nous nous sommes imposé , en quelque sorte , vis-à-vis du commerce en général, en ne lui signalant que des Commissionnaires probes , honnêtes et jouissant de la considération publique , nous oblige à lui recommander M. FRANCÈS , auquel il peut s'adresser avec la plus entière confiance.

HOTEL

DE

FRANCE

TENU PAR

MONNIER Fils

NARBONNE

Ce vaste établissement, situé au centre des affaires, se recommande par le confortable qu'on y trouve, et par l'excellence de sa table.

Il possède des appartements et salons particuliers pour familles et un établissement de bains.

Nous le recommandons particulièrement à MM. les voyageurs.

CAFÉ-RESTAURANT

DE

L'INDUSTRIE

TENU PAR

BONNET

NARBONNE.

Cet établissement est un des mieux situés de la ville et l'un des meilleurs hôtels secondaires. Sa position sur le Quai du Canal en rend le séjour agréable. La cuisine est excellente ; le service y est fait avec la plus grande célérité.

Déjeuners et Dîners à prix fixe et à la carte.

Commune de Névian

A 22 kilom. de Narbonne et à 3 kilom. de la gare de Marcorignan.

—

Le Carignan est le principal cépage de cette commune.

Les principaux Propriétaires sont :

MM.

Pierre Paul, récolte 2,000 hect. dont 1,000 1re qualité, et 1,000 2e qualité ; Bruguière, ex-maire, 2,000 hect. dont 800 1re qualité, et 1,200 2e qualité ; Bruguière Sébastien, 1,000 hect. dont 600 1re qualité et 400 2e qualité ; Fabre Auguste, négociant commissionnaire, 600 hect. dont 400 1re qualité, et 200 2e qualité ; Miquel Alphonse, 600 hect. dont 200 1re qualité et 400 2e qualité ; Azeau Louis, 400 2e qualité ; Ribezaute Séverin, 400 2e qualité ; Maillac Alexandre, maire, 400 hect. dont 300 1re qualité et 100 2e qualité ; Piquet Dauphin, 300 hect. dont 200 1re qualité et 100 2e qualité ; Miquet Michel, 500 hect., dont 300 1re qualité et 200 2e qualité ; Sarbezy François, 400 hect., dont 200 1re qualité et 200 2e qualité ; Alberny Olympiade, 300 hect., dont 150 1re qualité et 150 2e qualité ;

Prouchet Jules , 200 hect. 1re qualité , 13 degrés alcool ; Agel Gabriel , 200 hect. 1re qualité , 13 degrés alcool ; Agel Pierre , 200 hect. 1re qualité ; 13 degrés alcool , Dellon Jean , 200 hect. 1re qualité , 13 degrés alcool ; François Bruguière , 200 hect. 1re qualité ; Andrieu Michel , 200 hect. 1re qualité.

La production approximative de cette commune s'élève à environ 25,000 hectolitres environ par année moyenne.

Voulant surtout éviter que MM. les négociants entre les mains desquels notre ouvrage pourra se trouver nous adressent des reproches sur le choix que nous avons fait de MM. les Commissionnaires, nous nous sommes assuré, avant de faire figurer leur nom dans notre ouvrage , non-seulement de leur moralité , mais encore de la confiance dont ils jouissent dans le pays. Nous désignons donc à Névian , le Sieur FABRE, comme homme probe et intelligent, connaissant parfaitement les principales caves du Canton , à MM. les Négociants du Nord et du Midi.

Commune de Peyriac de Mer

A 12 kilom. de Narbonne et 12 du Port de la Nouvelle.

—

Les principaux Cépages de cette localité sont le Carignan et en moindre partie le Grenache;

Une grande partie des vignobles sont complantés sur des côteaux produisant des vins qui sont livrés à la consommation directe. La majeure partie des vins de cette commune servent depuis quelques années au coupage de ceux de la vallée de l'Aude.

Principaux Propriétaires.

MM.

Fauré Hippolyte récolte 5,000 hect., Sahut Emile, 5,000 ; Vᵉ Fabre Alexis, 1,500 ; Cavalier Joseph, 1,200 ; Vᵉ Sabatié, 1,000 ; Boinnes Auguste, 1,000 ; Salles Dieudonné, 1,000.

On compte facilement 20 propriétaires récoltant de 5 à 800 hectolitres.

Nous avons parcouru la propriété de M. Arnaud, maire de cette commune et membre du Conseil général de l'Aude. Cette importante propriété se compose de trois domaines distincts dénommés ainsi qu'il suit : 1° Stᵉ Eugénie, à 5 kilom. du village ; les Pigeonniers à 5 kilom., et enfin celui de Peyriac. Ces domaines réunis ne forment qu'une même exploitation.

Nous sommes heureux , après avoir visité cette immense propriété, de pouvoir dire que les soins que M. Arnaud y apporte la classent parmi les plus importantes du département de l'Aude.

D'ailleurs , comment pourrait-il en être autrement lorsque cet habile propriétaire marche de concert avec l'habile et intelligent agriculteur M. Henri Marès, membre du conseil général et secrétaire de la Société d'agriculture de l'Hérault.

Nous sommes doublement heureux en signalant les riches produits de la propriété de M. Arnaud, à MM. les négociants du Nord et du Midi.

Commune de Peysset

A 12 kilom. de Narbonne , 7 de la gare de Marcorignan.

—

Les vins de cette localité sont produits presqu'en totalité par les garrigues qui composent son terroir ; ils sont excellents pour le commerce.

Principaux Propriétaires.

MM.

Ve Biannet récolte 4,000 hect. vin rouge ; Marty Pierre, 1,200 ; Loque Eugène, 1,200 ; Bourdel François, 1,200 ; Bourdel Pierre, 1,200 ; Delom Pierre, 1,200 ; Dugendre Pierre, 1,000 ; Bourdel Auguste, 600.

Commune de Saint-Marcel

A 12 kilomètres de Narbonne, 2 de la gare de Marcorignan.

—

Les principaux cépages de cette localité sont le Carignan et le Grenache qui produisent d'excellents vins propres au commerce.

Principaux propriétaires.

MM

Germain Thomas récolte 1,500 hect. 1re qualité et 800 2e qualité; Aglée Thomas, 1,500 1re q., 800 2e qualité ; Pendriès Thomas, 500 1re qualité 1,000 2e qualité ; Malaret Fernand, 2,000,

2ᵉ qualité ; Barro, 750 1ʳᵉ qualité, 750 2ᵉ qualité ; Dulcou Japhet, 1,200 2ᵉ qualité ; Prochet Frédéric, 1,000 1ʳᵉ qualité ; Vᵉ de Lathenaye, 1,000 1ʳᵉ qnalité ; Béral, 400 1ʳᵉ qualité, 200 2ᵉ qualité ; Dalcy Jacques, 500 1ʳᵉ qualité ; Foulquier Elie, 350 1ʳᵉ qualité, 350 2ᵉ qualité ; Niquin Alexandre, 700 2ᵉ qualité ; Niquin Alphonse, 200 1ʳᵉ qualité, 400 2ᵉ qualité; Prochet Théodore, 450 1ʳᵉ qualité, 150 2ᵉ qualité ; Pendriès Xavier, 400 1ʳᵉ qualité, 200 2ᵉ qualité.

Commune de Saint-Nazaire

A 12 kilomèt. de Narbonue, 6 de la gare de Marcorignan.

Les vins de cette commune se divisent en trois catégories, savoir : Les produits des Garrigues, ceux des côteaux et ceux de la plaine, mélangés ensemble, on obtient une excellente 2ᵉ qualité.

Principaux propriétaires.

MM

Bénézech, maire, récolte 2,000 hect. 2ᵉ qualité, Pech, 2,000 2ᵉ qualité ; Lebrau Auguste, 2,000 2ᵉ qualité; Antonin Etienne, 1,200 2ᵉ qualité ; Théron, 1,200 2ᵉ qualité ; Homs, 600 2ᵉ qualité ; Dougada, ajoint au maire , 500 2ᵉ qualité ; Arnaud Sébastien , 500 2ᵉ qualité; Ferrand , 400 2ᵉ qualité ; Canet , 300 1ʳᵉ qualité,

---

Commune de Salles

A 11 kilomètres de Narbonne.

—

Les principaux cépages de cette localité sont le Carignan, l'Aramont et le Terret.

Principaux propriétaires.

MM.

Tapié-Mengaud récolte 9,000 hect., dont moitié 1ʳᵉ qualité et moitié 2ᵉ qualité ; Bello, 5,000 2ᵉ qualité ; Daurel , juge d'instruction , 4,000 2ᵉ qualité ; Azam , 2,000 2ᵉ qualité ; Castela , 2,000 2ᵉ qualité ; Delon , 1,500 2ᵉ qualité.

Divers propriétaires récoltent environ 4,000 hect. vin de 2ᵉ qualité.

Commune de Sigean

A 20 kilomères de Narbonne, 6 du port de la Nouvelle.

—

Sous le rapport de la production, cette commune et une des plus importantes de ce canton dont elle en est le chef-lieu. Elle produit en moyenne de **28** à **30,000** hect. de vin de 1re et de **2**^{e} qualité pour le commerce.

Principaux propriétaires.

MM

Le duc de Chabrand récolte **5,000** hect. vin rouge ; Razouls, **5,400** de 1er et 2e choix ; Angles, maire, **2,000** belle seconde ; Peyre, **1,800**; Berot, **1,500** ; Thiers, **1,200** ; Rey, **1,200** ; Dessalle fils, **1,000** ; Fourcade, **1,000** ; Arnaud Pierre, **1,000** ; Prost, **1,000** ; Bélard Charles, **1,000** ; Tallavigne Victor, **400** belle seconde.

M. de Martin, médecin à Narbonne, recueille annuellement dans ses vignes de Sigean du vin de Carignan et de Grenache, environ **2,000** hect.

M. Arnauld Malric récolte en moyenne **500** hec. vin rouge 1re qualité, provenant de diverses vignes situées en grande partie sur des côteaux ; la nature du plant se compose en général de l'Alicante.

Le sieur Armentier jouit de la considération publique, il est probe et intelligent, actif, comme le nécessité la commission des vins ; nous le désignons à MM. les négociants du Nord et du Midi qui peuvent s'adresser à lui avec confiance.

Commune de Vinassan

A 7 kilomètres de Narbonne, 3 d'Arnissan.

Quoique peu importante, cette localité produit d'assez bons vins pour le commerce.

Principaux propriétaires.

M. Serre récolte 800 hect. vin rouge ; M. Fabre, 800 ; Birat, 600 : Négrier, 200.

Le domaine de Marmollières appartient à M. le comte de Raymond ; il produit 3,500 hect. vin rouge, dont 2,000 proviennent des cépages le Carignan, le Grenache et le Mataro (cépage Espagnol) 1,000 de l'Aramont et 500 du Terret-Bourret.

Commune de Vintenacq

A 12 kilomètres de Narbonne , 6 1/2 de la gare de Marcorignan.

—

Les vins que cette commune produit se divisent en deux catégories : ceux destinés au commerce et ceux pour la consommation directe.

Les propriétaires que nous citons récoltent à la fois les deux qualités de vins que nous signalons.

Principaux propriétaires.

MM

Seguy récolte 1,200 hect. vin rouge ; Espiau, 1,000 ; Dougada aîné , 1,000 ; Poncet , 1,000; Ournacq Pierre , 1,000.

DÉPARTEMENT

DE

L'HÉRAULT.

DÉPARTEMENT DE L'HÉRAULT.

Renseignements généraux.

La superficie du département de l'Hérault est inégale et montagneuse dans sa partie septentrionale, et, vers le Sud, elle offre des plaines qui s'inclinent vers la mer.

Sur la rive gauche de la rivière de l'Hérault d'où le département tire son nom, les montagnes sont peu élevées et composées de roches calcaires; les plaines offrent des terres grasses et fertiles propres à tous les genres de culture. Sur la rive droite, les montagnes ont une élévation plus considérable, l'argile, blanche et compacte, et le terrain calcaire y dominent. Entre les montagnes et la plaine, s'étend de l'Est à l'Ouest, dans toute l'étendue du département, une bande de terre pierreuse et graveleuse qui convient parfaitement à la culture de la vigne. Enfin, il existe aussi sur toute l'étendue du sol du département, de vastes terrains appelés *Garrigues*, nom que l'on donne à des terrains secs, maigres et rocailleux, formés surtout de grés rouge et de silex, occupant des collines ou des plateaux plus ou moins élevés, coupés, çà et là, par d'énormes rocs de roche volcanique, qui, il y a à peine quelques années encore, étaient réservés au paccage des troupeaux ; ils étaient couverts d'arbustes, de petits chênes, de bruyères, etc. Nous voyons aujourd'hui la presque totalité de ces terrains, autrefois incultes, transformés par nos intelligents propriétaires, en bons et beaux vignobles dont les produits sont irréprochables.

En 1841, le sol se divisait, d'après sa nature, en deux cent mille hectares de pays de brnyères ou de landes, et cent dix-sept mille quatre cent quatre-vingt-dix-sept hectares de vigne ; mais les habitants de ce pays étant généralement propriétaires et cultivateurs, il convient de dire que ces nombres peuvent être intervertis, si l'on considère surtout les défrichements qui ont eu lieu depuis cette époque et qui se continuent toujours.

Parmi les importants produits du département, les vins figurent en tête des principales productions agricoles ; ils sont généralement de bonne qualité et très-estimés, notamment pour les mélanges. Il est cependant bien à regretter que les vignerons de ces contrées ne procèdent pas à l'égard de leur vin aussi intelligemment que ceux des autres départements viticoles de la France, car alors ils offriraient aux connaisseurs et aux consommateurs du Nord les meilleurs vins rouges et blancs qu'il y eût en Europe. Uue partie des vins est consommée dans le pays, une autre convertie dans les distilleries en eau-de-vie, dont les négociants du Nord ont depuis longtemps apprécié les bonnes qualités ; le reste, qui peut être évalué à plusieurs millions d'hectolitres, est répandu en France et à l'Etranger.

Nous sommes heureux, dans notre impartialité, de pouvoir mettre sous les yeux du lecteur :

1° L'extrait du *Bulletin de la Société d'encouragement pour l'industrie nationale*, du 5 juillet 1857, tome IV, 12ᵉ série, Nᵒ 55, p. 496 ;

2° L'extrait du rapport de M. Jules Duval sur le concours des vins, consigné dans le journal *l'Economiste français*, 10 août 1862.

EXTRAIT DU *Bulletin de la Société d'Encouragement pour l'industrie nationale*.

« En 1856, une somme de 6,000 fr. a été consacrée à récompenser les résultats d'un premier concours, que la Société avait ouvert pour des observations, des expériences, des recherches sur l'origine et la marche de la maladie de la vigne, sur sa nature intime, sur les effets obtenus par l'emploi de divers moyens préventifs ou curatifs appliqués à la combattre.

» Le compte-rendu des résultats du concours, en rapportant qu'un second concours avait été ouvert, faisait connaître que les personnes qui y ont pris part étaient nombreuses, que leurs travaux étaient l'objet d'un examen attentif, et que le Gouvernement s'était associé à la généreuse initiative de la Société, en ajoutant une somme de 7,000 fr. à celle de 3,000 fr. promise par le programme. En faisant donc un nouvel appel, la Société avait proposé à tous les concurrents anciens et nouveaux :

» 1° Un prix de 10,000 fr., qui serait celui du Gouvernement et de la Société, pour l'invention du moyen préventif ou destructeur le plus efficace pour la maladie de la vigne.

2° Un prix de 5,000 francs pour l'auteur du meilleur travail sur la nature du redoutable fléau.

» 3° Des encouragements de 1,000 fr. et de 500 fr., montant ensemble à la somme de 6,000 fr. pour les meilleures expériences ou recherches sur la nature et la cause de la maladie, sur la propagation de l'oïdium, sur les moyens préventifs ou curatifs à employer, sur les appareils les plus propres à appliquer les procédés signalés, sur tous les faits, enfin, qui pourraient apporter des lumières nouvelles sur les diverses questions relatives à la terrible maladie.

» Les espérances de la Société ont été réalisées, et le conseil, après un examen attentif et approfondi des pièces du concours, décerne :

» 1° Le prix de 10,000 fr. (7,000 fr. du Gouvernement et 3,000 de la Société), donné pour l'invention du moyen préventif ou destructeur le plus efficace pour la maladie de la vigne, à **MM. Kyle**, **Duchartre**, **Gontier** et **Marès**, qui recevront chacun 2,500 fr.;

» 2° Le prix de 5,000 fr., pour le meilleur travail sur la nature de la maladie qui attaque la vigne, à **M. Marès**, etc.

» **C'est l'Angleterre** qui a inoculé la maladie de la vigne à l'Europe ; mais, chose remarquable ! c'est aussi en Angleterre que le mal a été étudié par **M. Berkeley**, et c'est encore dans ce pays où le mal a pris naissance, que **M. Kyle** a découvert le moyen efficace de le combattre. La Société d'Encouragement a voulu récompenser exceptionnellement **M. Kyle**, en lui décernant une médaille d'or de 500 fr., outre la part qui lui a été attribuée dans le prix de 10,000 fr., fondé à la fois par le Gouvernement et par la Société. »

Exposition Universelle

DE LONDRES.

PREMIÈRE SUBDIVISION : LES VINS.

« Les vins étant la partie la plus importante du Concours, car ils ne remplissent pas moins de 12 à 15,000 bouteilles, le Jury s'est adjoint un comité d'experts dégustateurs, conformément aux précédents établis en France lors de l'Exposition universelle de Paris en 1855 et de l'Exposition nationale agricole en 1860. Ces experts, dont la compétence a été aussi précieuse que la collaboration persévérante et désintéressée, ont été :

» 1° MM. Charles Hesse-Cock, négociants en vins à Londres; 2° Robert Wooq ; 3° Charles Ellis, courtier en vins à Londres ; 4° Cuvillier Louis, négociant en vins à Paris ; 5° Balmont Emile, négociant en vins à Paris ; Merman, courtier en vins à Bordeaux.

» C'est un devoir pour le rapporteur de consigner ici les services rendus en cette occasion à la viticulture française par des experts français, et particulièrement par M. Cuvillier, qui s'est dévoué avec tout le zèle d'un Juré à la fonction qu'il avait acceptée.

» § Ier. *Vins de France.*

» L'espoir des relations à nouer avec l'Angleterre, en vertu du récent traité de commerce, s'était joint au patriotisme et à une noble ambition pour amener au Concours tous les vignobles français de grand renom et un grand nombre de vignobles secondaires. Plus de 50 départements y avaient pris part ; quelques crûs manquaient cependant à l'appel, mais en petite minorité.

» L'extrême variété de richesses de cet ordre que possède la France eût été mieux appréciée du public, si les caves, placées à la portée de l'Exposition et garnies de milliers de bouteilles de toutes formes et de toutes dimensions, eussent été accessibles aux visiteurs. Néanmoins, une bonne impression a été produite par les étalages des bouteilles et les spécimens de vignes placés dans les galeries agricoles de l'exposition, et beaucoup de négociants anglais ont été mis en mesure, par les soins des exposants, de s'initier à la connaissance de produits qui leur étaient moins familiers que les similaires de Portugal et d'Espagne, connus sous le nom de *Britich* Wines; une qualification que le Jury a refusé de consacrer, dans la conviction que les vins de France, d'Allemagne, d'Italie y auront droit prochainement.

» Le département de l'Hérault a présenté l'innovation la plus hardie peut-être et la mieux réussie de toute la viticulture française : c'est l'entreprise tentée par M. BERTAND aîné, propriétaire à Béziers, d'obtenir dans les vignobles du Midi les vins naturels pareils pour le goût et entièrement égaux pour la qualité aux meilleurs vins de Portugal, d'Espagne et du Levant; entreprise entièrement différente de la simple imitation des vins de ces contrées, qui est devenue une importante industrie pour la ville de Cette.

» M. Bertrand a soumis au Jury des spécimens des vins suivants : Porto doux, Madère sec, Madère doux, Xérès doux, Alicante, Chypre, Picardan. Il ne dissimule pas, du reste, dans ses ventes, la véritable origine de ses vins; il en tire honneur, au contraire, donnant ainsi l'exemple de la concurrence des produits similaires loyalement exercée. Le Jury a récompensé d'une médaille cette curieuse et intéressante imitation, qui s'appuie exclusivement sur le choix des cépages, sur les soins apportés tant à la récolte qu'aux manipulations, et qui atteint son but : l'identité de couleur, de saveur et d'arome, avec les types pris pour modèles. La consécration du bénéfice commercial lui manque encore, mais **M. Bertrand** l'espère pour un temps peu éloigné. »

M. Bertrand aîné, de Béziers, propriétaire dans les cantons de Béziers et de Pézenas (Hérault), possède un domaine, dans la commune de **Caux**, de 25 hectares de vigne. Ce vignoble est situé sur un sol calcaire, granitique et siliceux ; il forme un plateau appelé *Sallèles*, où le soleil, en se levant, frappe les souches et ne les quitte que quand il a disparu à l'horizon le plus lointain. Ces vins distingués sont connus sous le nom de *Vins Bertrand*, ils ont obtenu, depuis l'exposition de 1860, sept médailles et autres récompenses, savoir.

1er Prix, exposition du mois de mai 1860 à Montpellier ; il a également obtenue, un 1er prix, médaille d'or au Concours, à l'Exposition générale et nationale, juin 1860, à Paris ; — le 1er prix pour les vins, Médaille de 1re classe, grand module, à l'exposition Universelle de Besançon, en 1860 ; — Médaille d'honneur de 1re classe en or, grand module, décernéé par l'Académie Nationale agricole en 1861, en récompense des premiers prix obtenus par l'exposant, dans l'année 1860 ; Médaille 1er prix pour les vins naturels de liqueur , à l'exposition de Marseille en 1861 ; — Prix unique pour son vinaigre de vin de Madère à l'exposition régionale de Perpignan, 11 mai 1862 ; — 1re Médaille à l'exposition Universelle de Londres, en 1862, avec un rapport spécial sur la richesse des produits précités.

Le jury international , composé des premiers dégustateurs de l'univers, qui avaient été choisis pour cette opération laborieuse et délicate , a demandé une récompense supérieure à une médaille pour M. Bertrand aîné , des Balances.

Le jury que le Gouvernement français a envoyé à cette Exposition universelle, composé de plus de cent membres de ses académies les plus savantes , chargé d'examiner tous les rapports faits à Londres , touchant les exposants francais , a confirmé les termes du rapport international et a demandé à l'unanimité pour M. Bertrand , encore une récompense supérieure au Gouvernement français.

Nous reproduisons ici en l'extrayant du journal le *Siècle*, le compte rendu de la séance annuelle de l'Académie nationale , tenue le 17 mars 1863, à la grande salle de Saint-Jean à l'Hôtel-de-Ville de Paris, où se trouvaient réunies plus de huit mille personnes.

Dans notre impartialité , nous avons cru bien faire en reproduisant cet article dans lequel M. Bertrand y est cité comme un viticulteur hors-ligne.

C'était la séance publique et la fête de famille annuelle d'une Société qui dure depuis 32 ans , qui compte deux mille membres en France et à l'Etranger ; qui a pour Présidents et pour Vice-Présidents , des Gentilhommes , des Conseillers généraux , des Députés, des Sénateurs, non point à cause de leurs titres , mais à cause de leur mérite et de leur utilité , qui fonde des prix et les distribue en des concours sérieux , bien disputés, bien jugés , qui depuis sa naissance a signalé, manifesté et honoré plus de quinze mille personnes ; qui , rien qu'à Londres , l'année passée , comptait 370 exposants de chez elle , sur lesquels quatre ont été faits Officiers et treize Chevaliers de la Légion-d'Honneur , en outre de 162 médaillés et de 84 mentions.

Et , bien qu'il soit facile d'en faire partie , étant homme honnête et libre, on aurait tort de croire qu'elle jette au hasard ses médailles de bronze égalitaires et donne son diplôme d'honneur au premier venu.

En consultant le dernier cahier de récompenses qu'elle a décernées cette année , on voit à qui est échue cette modeste feuille de papier historiée qui s'appelle le diplôme d'honneur ; on y lit des noms d'écrivains agronomes , tels que le marquis d'Andelarre , Calemard de Lafayette , Duchâtelier , Ramon de la Sagra, consul général d'Espagne à Paris , Haas ; de reproducteurs et inventeurs agricoles comme Guérin-Méneville , directeur du jardin d'acclimatation , comte de Pourtalès, ambassadeur du roi de Prusse à Paris , Bella, directeur de l'école impériale de Grignon , Clamagereau , Boutton-l'Evêque , Malingrié, Nourrigat ; de viticulteurs ardents, hardis comme Bertrand aîné, des Balances, et Blanc-Montbrun (de la Rolière), qui vont faire que la France n'aura plus besoin des vins d'Espagne ; ou sagement conservateurs comme le comte de Léger Bel-Air et le comte de la Loyère, deux lumières de notre Bourgogne, etc.

Nous sommes heureux de pouvoir mettre sous les yeux de nos lecteurs la copie textuelle du diplôme d'honneur décerné à M. Bertrand aîné, des Balances, propriétaire à Béziers, par l'Académie Nationale siégeant à Paris, en considération des immenses services rendus à la viticulture française.

L'Académie Nationale, Agricole, Manufacturière et Commerciale, comme expression DE SA PLUS HAUTE ESTIME*, comme témoignage de la reconnaissance publique, et comme titre de* SA PLUS HAUTE RÉCOMPENSE*, lui a décerné en assemblée générale, tenue à l'Hôtel-de-Ville de Paris,* CE DIPLÔME D'HONNEUR*, uniquement réservé aux hommes d'élite qui, par leur savoir et leurs travaux, contribuent à la gloire et à la prospérité de leur pays.*

École d'Agriculture.

—

Le département de l'Hérault ne possède pas encore une Ecole centrale d'agriculture. La fondation d'un établissement de ce genre serait de la plus grande importance pour les intérêts agricoles du Midi. Afin de faire atteindre ce but , un premier élan a été donné par M. Bertrand aîné , des Balances , propriétaire à Béziers , qui , pour la création de l'Ecole précitée , a fait une donation de 25,000 fr. au département de l'Hérault , comme le constate la lettre suivante adressée à M. le Préfet :

Monsieur ,

Arrivé à l'âge de soixante-cinq ans , et étant sur la fin de ma carrière , je voudrais faire profiter le département de l'expérience que j'ai acquise pendant 25 années de travail dans la production des vins ; cette production , en effet , est la source principale de la richesse de l'Hérault et j'ai la conviction qu'on pourrait la développer encore.

Le département se livre à peu près uniquement à la culture des vins communs ; mais il a une variété de terroir et une richesse de soleil qui permettrait d'en embrasser d'autres ; de cette manière , il offrirait aux acheteurs la faculté de faire des approvisionnements plus complets et il attirerait un plus grand nombre de clients , dont la multiplicité même favoriserait le débit des vins de la qualité la plus ordinaire.

Indépendamment des *Muscats,* dont la mode par un caprice injuste s'est éloignée aujourd'hui , diverses qualités de vins fins ont été essayés avec succès par diverses personnes , accidentellement et sur une petite échelle ; ayant repris ces tentatives pour mon compte , en y consacrant une notable partie de mes vignobles pendant une suite d'années , et en y donnant mes soins assidus , je suis parvenu à produire plusieurs variétés de vins liquoreux dont la supériorité a été constatée par les récompenses qu'elles ont obtenues dans de nombreuses expositions.

Si je cite le succès de mes efforts , c'est uniquement pour établir cette proposition, qu'il serait facile de produire dans l'Hérault les vins supérieurs, en même temps que les vins communs.

Dans cette conviction , je voudrais provoquer l'Etablissement d'une Ecole de viticulture , où les vignerons de différents cantons du département se familiariseraient avec la connaissance des cépages les plus renommés , tant en France qu'à l'Etranger pour la production du vin fin de toute nature et où ils apprendraient la manière de traiter la vigne et le vin ; l'établissement de cette école exigerait une certaine somme à laquelle il est possible que le département et les principaux propriétaires ne refuseraient pas leur concours ; l'exemple d'un citoyen même obscur comme moi , pourra peut-être servir d'encouragement , et c'est dans cette pensée que j'ai l'honneur de vous informer que je fais donation , dès ce jour , de la somme de 25,000 francs qui sera portée dans mon testament, cantonnée sur mon domaine de Sallèles, commune de Caux , canton de Pézenas.

Dans tous les cas , si Dieu me laisse en ce monde , la somme de 25,000 francs serait payable dans le courant de l'année 1868 ; j'y mets la condition que cet établissement soit situé dans la commune de Béziers où je suis né.

Je suit prêt, Monsieur le Préfet, à passer tel acte authentique que vous jugerez convenable, conformément à ce que je viens d'avoir l'honneur de vous exposer.

C'est dans ces sentiments que j'ai l'honneur d'être, Monsieur le Préfet, votre très-humble et très-dévoué administré.

Signé : **BERTRAND** aîné,

DES BALANCES

Propriétaire, ancien Conseiller municipal de la ville de Béziers.

Commune d'Abeilhan

A 12 kilomètres de Béziers et 2 de Servian.

—

Les vins de cette localité peuvent en partie aller à la consommation directe, le commerce peut aussi s'y approvisionner de la manière la plus convenable.

Les principaux Propriétaires sont :

MM.

Taix, Bouchard (campagne du Peyras), Béraud, Guiraud, Pradine, Gouroux Frédéric, Bousquet frères.

———

Commune d'Agde

A 33 hilomètres de Béziers, 6 kilomètres de Bessan, 7 kilomètres de Marseillan, 4 kilomètres de Vias, 8 kilomètres de Florensac et 3 kilomètres de la mer.

—

Pour se rendre un compte exact de la production de cette commune, il faut, comme nous, en

avoir parcouru le terroir et examiné les plantations nouvelles qui se sont faites sans discontinua-
tion, depuis quelques années. Un fait que nous
aimons à signaler, et qui prouve que MM. les propriétaires ont compris qu'il ne fallait point rester
éternellement dans l'ornière, c'est que là, comme
là dans la plus grande partie des communes du
département de l'Hérault, la disposition des cépages est faite de manière à remédier au manque
de bras, lorsque les travaux de la vigne nécessitent
des armées de travailleurs auxquels on substitue
la charrue.

Les vignobles de cette localité sont généralement situés au Nord et au Nord-Est de la ville ;
ils produisent en moyenne cent mille hectolitres
de vin rouge dont la plus grande partie peut être
livrée au commerce.

Agde possède deux importantes distilleries appartenant à MM. Laffon et Carriès Émile. Ces deux
Établissements peuvent ensemble livrer tous les
ans, au commerce, une moyenne de cent pièces
de 5/6 de marc ordinaire, et cent soixante pièces de 5/6 de marc bon goût.

Noms de MM. les Propriétaires.

MM.

De Rascas (campagne Mourant), récolte 2,800
hect. vin rouge ; veuve Etienne (camp. Grange-
Rouge), 2,800 ; Mlle Durand (campagne Gauzy),
2,100 : Salvat de Cristophe , 1,400 : de Sarret ,
5,000; Colomb (campagne Saint-Michel), 2,100;

Cruzillac (campagne Parguet) , 2,100 ; Mestre (campagne Maraval) , 2,100 ; Chauvet (campagne Chatou de Saint-Martin) , 2,100 ; Lepelletier des Ravinières (campagne de Sept-Fonts) , 2,100 ; Thevenot (campagne Fabre) , 2,100 ; Bastide récoltera dans deux ans 3,500 ; Romiau Armand récolte 1,750 ; Lachaux Victor, 1,400 ; Sicard (campagne Sicard), 1,400 ; Lignon, 1,400 ; Coronne aîné, 1,050 ; Cannet (campagne Baldi), 1,050 ; Reclers (campagne Jean Doby), 1,050 ; Jaume (campagne Reynaud), 1,050 ; Coste-Floret, maire, 1,000 ; Fournier (campagne Saint-Jean), 1,050 ; Valesque (campagne Pradier), 700 ; Fallet, 700 ; Laurent Higounenc fils, 560 ; de Revellat, 560 ; Maffre cadet, 420 ; veuve Carrière, 420 ; Reveille, 420 ; Lugagne, 420 ; Gounenc, 420 ; Mallet Bernard, 420 ; Arnaud Hippolyte, 420 ; Mlle Audouard, 420 ; A. Bousquet (campagne Batipomme), 1,400 ; Bringues, 350 ; Lagarde, 350 ; Blachas père, 350 ; Bellonet, 350 ; Roux Célestin, adjoint au maire, 350 ; Coste Balthazar, 350 ; Robert, 350 ; Delièze, 350 ; Birot, 350, Fanjaux, 350 ; Cassan, 350 ; Fulcrand, 350.

La loyauté que l'on doit apporter dans les transactions, étant la principale des conditions que tout courtier ou commissionnaire doit remplir, nous eussions fait une grave omission, si nous n'avions signalé à MM. les Négociants du Nord et du Midi, MM. BALGUERIE et LIGNON, qui s'occupent spécialement de la commission et qui connaissent très bien les meilleurs crûs de l'arrondissement de Béziers.

Commune d'Alignan du vent

A 21 kilom. de Béziers et 6 de Servian.

—

Bons vins pour le commerce. Les principaux propriétaires sont :

MM. Crozals, maire ; Eustache, médecin; les frères Lenthéric ; Borie, récoltant en moyenne 600 hectolitres vin rouge.

Commune de Bessan

—

Cette localité est située à 22 kilomètres de Béziers, 7 kilomètres d'Agde, 6 de Vias et 6 de Marseillan. Elle est actuellement desservie par le chemin de fer d'Agde à Clermont-l'Hérault, ce qui lui facilite on ne peut mieux les moyens de transport,

Les produits vinicoles de Bessan sont importants, car la quantité moyenne de la récolte s'élève à environ cent soixante-dix mille hectolitres de vins rouges, légers, propres au Commerce.

Les cépages consistent en Murillo, Terret-Bourret blanc et Aramont, composant la plus grande partie des nouvelles plantations.

Noms de MM. les Propriétaires.

MM.

De Ricard récolte 14,000 hectolitres vin rouge ; de Jacomel. 12,600 ; Amalou , 10,500 ; Mme de Brignac, 2,800 ; Mme Belpel, 2,800 ; baron de Sarret Emmanuel, 2,800 ; de Cassagne , 6,500 ; le comte de Pina, 2,800 ; Diogène Aubin, 2,100 ; Aubin Prosper, 2,100 ; Redon Magloire, 2,100 ; Challiès, 2,100 ; Sicart, 1,750 ; Bonnet, notaire, 1,400 ; Fournier, docteur, 1,400 ; Daurel frères, 1,400 ; Mlles Gironnet, 1,050 ; Andrieu, 1,050 ; Guerre frères, 1,050 ; Barral, 1,050 ; Mlle Martin, 1,750 ; Guiou, (agréé), 700 ; Roqueblave Jean, 700 ; Azéma de Montgravier, 700 ; Vidal Emile, 700 ; Tondu , 700 ; André , maréchal-ferrant, 700 ; Thory aîné, 700 ; Thory jeune Gabriel, 700 ; Haibran, pharmacien, 700 ; Martin Célestin, 560 ; Malafosse Théodore , 560 ; Charot Stanislas, 560 ; Clapiès Pierre, 560 ; veuve Cannet, 490 ; Redon aîné , 490 ; Mole aîné , 420 ; Mole charles , 420 ; Redon Joseph, 420 ; Clapiés Antoine , 420 ; Coste Simon, 420 ; Teysseire, 420 ; Vidal Antoine , 420 ; Vidal François , 420 ; Mascon, instituteur, 550 ; Thomas aîné, 550 ; Thomas jeune, 550 ; Charrot Justinien, 550.

MAISON JALABERT,

NÉGOCIANT ET PROPRIÉTAIRE

A BESSAN (HÉRAULT)

Fabrique de Liqueurs de toute espèce : Extrait d'Absinthe, Vermouth, Bitter, Kirsch, Sirop, etc., Entrepôt de Rhum, Cognac, Vins fins et étrangers, Spécialité de Vins et Eaux-de-vie du Languedoc.

La confiance que cette Maison s'est acquise par les bons produits qu'elle livre à la consommation, l'a classée depuis longtemps au premier rang de celle du département.

Commune de Béziers.

Les environs de Béziers sont constitués par des terrains divers ; aussi, suivant la nature de ces derniers, trouve-t-on dans cette commune des qualités de vins correspondant à la nature du sol.

Il est noter que ceux-là tendent à devenir meilleurs par l'effet du progrès viticole qui a apporté des modifications avantageuses dans les modes de culture , le choix des cépages, etc. On est d'autant plus en droit d'espérer pour l'avenir des produits supérieurs, que dans les environs de Béziers la propriété territoriale est très-divisée , et que les grandes propriétés étant moins nombreuses qu'ailleurs , le petit propriétaire peut, cultivateur lui-même , bien soigner ses vignes, les travailler en temps convenable , cueillir ses raisins en temps opportun , etc.... Aussi on peut avoir la certitude que Béziers, le centre le plus important du commerce de l'Hérault , ne reste pas en arrière, et que ses produits égalisent par leurs qualités ceux des autres contrées du département.

Un grand nombre des principaux propriétaires des vignobles les plus vastes de l'arrondissement de Béziers, habitent cette dernière ville.

Noms de MM. les Propriétaires.

MM.

Genson, frères ; de Bès ; Benet Louis ; Mandeville ; Lugagne , rue Montmorency ; Pradal ; Fabrégat aîné , rue Mayran ; Galabrun Victor, Jossan ; d'Aureillan Hercule ; Noguier, avocat ; Hérisson ; de Massias ; Andoque Eugène ; Soudan Jules ; de Lirou ; de Ginestet , Jauson ; Fayet ; Belaud Henri, rue de la Promenade ; Fraisse cadet , rue de la Promenade ; Meillé de la Barthe ; Gély Joseph ; veuve Biget ; de Rigaud ; Singla

Henri ; de Portalon aîné ; de Portalon jeune ; veuve
Bouttes ; veuve Casse ; Fabre Ernest ; Dupin ;
Marquise de Villeneuve, rue Française ; Lagarrigue père ; Massot François ; Durivage ; de Cassagne ; Andoque Alexandre, place Saint-Félix ; de
Montagne ; Mas ; Coste, place de la Madelaine ;
de Montfort, Guibert-Roubès, rue du Chapeau-
Rouge ; Miquel-Soulié, rue du Faucon, récolte
2,000 hectolitres vin rouge et blanc, récoltera
dans deux ans 5,000 hect. ; de Sufren, Vincentis ; Sahuc de Mus, rue des Récollets ; Sabatier
Elzéar ; Brousse, rue des Balances ; Azaïs-Mande-
ville, Descente-de-la-Citadelle ; veuve Bessiè-
res; Biscaye frères, place de l'Hôtel-de-Ville; Mandeville, médecin, place du Capus ; Sugiet ; Jauson
Alexandre ; Belaud Alphonse ; Flourens père, rue
des Prêtres ; Reboul-Coste, rue Ancienne-Comé-
die ; Sallètes, place Saint-Nazaire ; Biennefai ;
Salvau Etienne, place du Puits-Couvert ; Fabrégat, maire, rue Bonzy, récolte au domaine de
Saint-Louis 1,050 hect. Tarbouriech, rue Saint-
Louis ; Vidal Octavien, rue de la Tour ; Théveneau Urbain, place d'Orléans ; Suchet Félix, rue
des Bains ; de Maintenon, idem.; Coste Félix,
rue Sainte-Catherine ; Alpinet, rue Lespignan ;
Suchet Jean, rue Sainte-Aphrodise ; Tudié, rue
Libes ; Costes Frédéric, place Notairie ; Gélibert,
vicaire rue Font-de-Maury ; Chavernac frères ; de
Saussine, récolte 6,000 hect. vin rouge ; Crozals ; d'Orcène ; Andrieu ; Bonnet ; Favre, président du Tribunal ; de Chauliac ; d'Oreillan ; M⁶
Causse ; Couronne.

Commune de Boisseron

Canton de Lunel.

—

Cette commune, quoique peu importante par sa population, n'en produit pas moins de bons vins de table. Nous avons cru bien faire, en indiquant les noms des propriétaires à MM. les négociants, de leur faciliter les achats en désignant par les mots *supérieurs*, , *bonne*, *moyenne*, les qualités de vin que les propriétaires récoltent.

Principaux Propriétaires.

MM.

Sue Etienne, maire, récolte 450 hectoltitres dont 150 qualité supérieure, 150 bonne, 150 moyenne.

Hyacinthe César, adjoint au maire, récolte 300 hectolitres dont 200 qualité supérieure et 100 bonne.

Sillol Alfred, récolte 1,400 hectolitres dont 300 qualité supérieure, 600 bonne et 500 moyenne.

Griolet Ernest (mas de Théron), récolte, 2,100 hectolitres dont 300 qualité supérieure, 600 bonne et 500 moyenne.

Favas Jean, récolte 350 hectolitres dont 100 qualité supérieure, 150 bonne et 100 moyenne.

4

Jeanjean François, récolte 350 hectolitres dont 200 qualité supérieure, 100 bonne et 50 moyenne.

Aymar Joseph, récolte 350 hectolitres dont 100 qualité supérieure, 200 bonne et 50 moyenne.

Méjean Jean, récolte 280 hectolitres dont 200 qualité supérieure et 80 bonne.

Planchénault Henri, récolte 250 hectolitres dont 200 qualité supérieure et 50 bonne.

Jeanjean Joseph, récolte 250 hectolitres dont 150 qualité supérieure, 50 bonne et 50 moyenne.

Jeanjean Louis, récolte 200 hectolitres dont 50 qualité supérieure et 150 bonne.

Théron Laurent, récolte 150 hectolitres dont 50 qualité supérieure, 50 bonne et 50 moyenne.

Théron François, récolte 150 hectolitres dont 100 qualité supérieure et 50 bonne.

Les principaux propriétaires de cette commune récoltent donc 6,580 hectolitres de vin dont 2,300 qualité supérieure, 2,730 bonne et 1,550 moyenne.

Commune de Capestang

A 15 kilomètres de Béziers.

—

Capestang, situé sur le canal du Midi, est à une distance de 8 kilomètres de Montady, 8 kilomètres de Quarante et 5 de Puisserguier. Les vins que cette commune expédie à Bordeaux, Cette, Montpellier et le nord de l'Empire, sont transportés à Nissan, station du chemin de fer du Midi; son terroir se compose en grande partie de côteaux dont la belle position leur permet de produire du vin rouge dont on se sert généralement pour les coupages; ces vins remarquables, tout aussi bien par leur couleur que par leurs qualités vineuses, les font activement rechercher par le commerce; les vins de qualité supérieure qui s'expédient beaucoup en Italie, à Paris et à Bordeaux, sont remarquables par leur rouge brillant, leur bon goût et leur aptitude à supporter le transport qui les bonifie d'une manière surprenante. En les dégustant, il nous a été permis de remarquer que leur bon goût, leur fraîcheur pouvaient les faire assimiler au Bordeaux dont il ne leur manque que le bouquet. La production de cette commune qui s'élève en moyenne à deux cent cinquante mille hectolitres, la fait classer au premier rang de celles du département de l'Hérault.

Après avoir parcouru les campagnes de M Crozals, la campagne de Silicat à M. de Berre; celle du Bosc à M. Tudié; celle de Laboulet à M. Jaussan; celle de Font-Couverte, à M. Andoque, et enfin celle de MM. Mirabel, Mandeville, Fabre, Babou, de Mme veuve Causse, il nous été permis de nous rendre un compte à peu près exact des riches produits viticoles de Capestang qui voit disparaître ses produits presqu'immédiatement après la récolte.

Les propriétaires de Capestang sont intelligents et s'occupent activement des soins que nécessitent leurs produits; pendant notre séjour dans cette localité, nous avons visité la cave de M. Aimé Labattut, propriétaire et négociant. Nous avons dégusté de l'Alicante et du Piquepoul, que produit une de ses propriétés admirablement bien exposée au midi ; hâtons-nous de dire que ces vins sont de qualité supérieure.

Nous regrettons beaucoup de n'avoir pu visiter la cave de M. Lartigue qu'on nous a signalée comme une des plus importantes de Capestang.

Cette commune possède quatre distilleries, appartenant à MM. Lartigue, Castres, Guarinz et Ferret ; elles produisent ensemble 25 hectolitres environ par 24 heures.

Nous signalons aussi au commerce, les fabriques de MM. Crozals, Belaud, Jossan, celle de la campagne du Bosc, à M. Tudié, et celle de la Canague à M. Miquel ; cette dernière peut livrer au Commerce environ 35 hectolitres par jour.

Noms des Principaux Propriétaires.

MM.

De Berre, récolte 7,000 hectolitres vin rouge ; Miquel jeune, 7,000 (domaine de la Canague, et 8 hect. Tokai ; Tudié, 5,600 (campagne du Bocs; de Portalon Hippolyte, 4,500 (domaine de Saustre), Andoque, 4,000 ; Texier, 4,900 rouge et 6 hect. Tokay ; Belaud, 3,500 ; Chuchet Antoine, maire de Montady, propriétaire des domaines de

Saint-Jean-de-Tassan-la-Canague , 3,000 hect.
vin rouge, 12 hect. Tokay ; veuve Causse, 5000;
Lartigue Camille, 7,000 , Crozals, 8,500; Huc
Ferdinand, 2,100 ; Aimé Amans, 3,000 ; Bady,
3,000 (domaine de Labastide); de Gineste , juge
de paix, 1,400 ; Planès André , 2,000 ; Latapie
Raymond, 2,400 (domaine de Labastide ; Jaussan,
10,000 ; Vidal, adjoint au maire, 1,400 , Sou-
lèze cadet , 4,000 ; Mandeville, 2,000 ; Babou ,
2,800 ; demoiselles Tastavin , 3,500 (domaine de
Labastide , Bernard, 1,050 ; veuve Biget, 8,000;
Bringer Esprit père, 2,000 ; d'Anderie. 2,800 ;
Givernis Bazile, 2,800 ; Bouillet, 2,100 ; Pagès
Bazile, 2,000 ; Mirabel Alexandre, 1,500 ; Mira-
bel Lucien, 1,500 ; Castres Constant, 1,500 ;
Rouch Jacques, 1,400 ; Bessière Louis, 1,400 ;
Villebrun, 1,400 ; Taillefer Alexandre, 1,400 ;
Bringer Antoine. 1,400 ; Fabre, 1,400 ; Tarbou-
riech père et fils, 1,400 ; Peyre, médecin, 1,200;
Massot Jean, 1,050 ; Forestier Pierre, 1,050 ;
Taillefer George, 1,050 ; Théron Pierre, 1,000 ;
Tessier Marcel, 800 ; Tessier Hilaire, maire de
Creissan, 1,050 ; Guilhaume Maurice, 800 ; Ri-
vière Bruno, 800 ; Pélegry Joseph, 800 ; Ray-
mond Jean, 800 ; Raymond Antoine, 800 ; Pé-
zet, 700 ; Dieulafé Ferdinand, 700; Priou Pierre,
700; Bascoul cadet, 600 ; Mondies Antoine, 600;
Cros Louis dit Migou, 500 ; Pigot fils, 300 ; Pech
Antoine, fabricant de tartre, 350.

Commune de Causses et Veyran

Située à 20 kilomètres de Béziers.

—

Cette localité produit des vins assez foncés en couleur, alcooliques et d'une vinosité remarquable. La variété des cépages, leur exposition, la mise en pratique de la culture moderne, font que les vins de Causses et Veyran sont recherchés par le commerce.

Ces vins, généralement bons pour la table, ne s'emploient pas pour les coupages, et à peine si une minime partie va à la distillerie.

Noms des Propriétaires les plus importants.

MM.

Granier récolte 800 hect. vin rouge ; Pézet Martial, 700 ; Pézet Joseph, 500 ; Pézet jeune, 350.

—

Commune de Cazedarnes

—

Si cette petite localité produit des vins de qualité supérieure, d'une couleur foncée que le com-

merce recherche et dont il se sert avantageusement pour les coupages, il ne faut attribuer cette
bonne production qu'à la situation des vignobles
plantés généralement dans les Garrigues. Hâtons-
nous de dire que ces vins peuvent être classés
parmi les plus beaux du Midi.

Aussi, nous n'avons certes pas été étonné, qu'à
l'exposition qui eut lieu à Montpellier en 1860,
lors du concours régional, la commune de Cazedarnes, en la personne de M. Jean, ait obtenu
une médaille d'or pour son vin rouge.

M. Castel a sa propriété complantée en Carignan et Alicante, toute dans la Garrigue, entre
Puisserguier et Cazedarnes, à quelques pas du
fameux ermitage de Saint-Christophe, dont les
alentours produisent des vins remarquables.

Les principaux propriétaires de Cazedarnes,
sont : MM. Valat P., maire ; Castel Jean ; Albès
Emmanuel, Castel Joseph, Petit Michel, Robert
Louis, Albès Jean, Miquel, Joseph.

Commune de Cazouls-lès-Béziers

—

Cette commune, dont nous avons parcouru le
territoire presque dans tous les sens, et qui nous
offre les moyens de nous entretenir de ses pro-

duits depuis longtemps méconnus , est située à 13 kilomètres du chef-lieu d'arrondissement.

Son terroir se compose de petites montagnes au Nord et au Midi, plantées de vignes ; c'est donc à cette belle position que nous devons attribuer ses riches productions et les qualités les plus variées ; on y trouve des vins rouges très-estimés, Muscat, Alicante, Piquepoul et Tokay.

Les premiers de ces vins, remarquables par leur couleur et leurs qualités vineuses, peuvent prendre place parmi les meilleurs du département. La production du Muscat est aussi , on ne peut plus digne de remarque , car les vignes qui le produisent sont généralement plantées sur les versants exposés au Midi ; aussi, est-ce à cette position que nous devons attribuer, la qualité, l'arôme, la liqueur et le musc de ces vins.

Les principaux vignobles , situés au Nord et au Midi, appartenant à MM. le comte d'Ulst, Daurel , Dulac, Crestou, Ribes, Borrel et Lugagne, produisent les vins rouges et le Muscat.

Une partie de ceux qui sont situés au Sud-Ouest, fournissent le délicieux vin Muscat récolté par M. Pastre.

Après avoir visité la cave de cet intelligent propriétaire , et après avoir dégusté ce vrai nectar , nous n'hésitons pas à dire avec tous les vrais connaisseurs que ce vin hors-ligne est le meilleur qui existe , car aucun muscat ne peut lui être comparé. M. Pastre a en cave 990 hectolitres de vin muscat de qualité supérieure.

La campagne de M. Martel, docteur et propriéaire , que nous avons visitée et dont les produits se placent avantageusement , se trouve dans cette même direction.

Une partie des vignobles situés au Midi et au Levant, quoique placés sur des points moins élevés, produisent des vins rouges qui , sans avoir en général une couleur aussi foncée que ceux des Garrigues , ne sont pas moins remarquables par leur rouge brillant, leur bon goût et leur aptitude à supporter le transport. Là, se trouvent les campagnes de Mme veuve Blanc, de MM. Anglade , le comte d'Ulst et Vidal. Les vignes de ces derniers propriétaires sont plantées sur un terrain accidenté, très-chargé de cailloux ; aussi produisent-elles du vin de qualité supérieure.

Nous sommes heureux de constater que depuis quelques années, MM. les propriétaires de Cazouls se sont activement occupés des améliorations que nécessitait l'état de leurs caves , afin de se rendre plus faciles les soins minutieux qu'ils ont à donner à leurs vendanges. Les progrès qu'ils ont fait dans le perfectionnement de leurs produits , progrès que l'on doit à leur intelligence et à leur activité, leur permettent de pouvoir offrir aux gourmets et aux consommateurs du Nord des produits qui classeront la commune de Cazouls parmi les plus importantes du Midi de l'Empire.

Nous eussions voulu, dans ce court exposé, pouvoir faire l'éloge particulier des propriétaires les plus importants ; mais, comme le nombre en est trop grand, et que l'espace pourrait nous faire défaut, nous avons dû nous borner, malgré tout notre bon vouloir, à ne reproduire qu'un rapport que nous avons extrait du journal la *Revue des Sciences et des Connaissances Pratiques et usuelles*, lequel est relatif aux vins muscats de M. Pastre, pour faire ensuite succinctement l'éloge des produits de la propriété de M. Martel que nous avons déjà cité.

Quant aux muscats de M. Pastre Etienne-Henri, M. le docteur B. Lunel, dans son rapport du 8 juin 1860, à la Société des Sciences Industrielles, Arts et Belles-Lettres de Paris, s'exprime ainsi :

L'arbrisseau sarmenteux qui produit le vin, est originaire de Perse. Les Phéniciens qui parcouraient souvent les côtes de la Méditerrannée, introduisirent la culture dans la Grèce, dans les îles de l'Archipel, dans la Sicile, enfin en Italie et dans le territoire de Marseille.

Parvenue en Provence, cette culture s'étendit bientôt sur les côteaux du Rhône, de la Saône, de la Garonne, de la Dordogne; dans les territoires de Dijon, vers les rives de la Marne et même de la Moselle.

Les anciens Egyptiens connaissaient l'art de faire du vin; leurs procédés existent encore sculptés sur les murs de leurs temples les plus antiques.

Les Grecs et les Romains les avaient recueillis et préparaient une multitude de vins dont les noms, et la célébrité sont passés jusqu'à nous.

En Grèce, on cueillait le raisin avant sa maturité; on le séchait à un soleil ardent pendant trois jours, et le quatrième on l'exprimait. En Espagne, en Italie et surtout à l'île de Chypre, on suit encore ce procédé dans plusieurs vignobles.

Dans quelques endroits de l'Espagne, on fait évaporer le suc des raisins blancs sur un feu doux jusqu'à une consistance nécessaire avant de le laisser fermenter.

En Toscane, le vin de Vinato Santo, est préparé avec un moût si rapproché, que la plus forte chaleur d'un soleil ardent est nécessaire pour obtenir la fermentation. Nous ne finirions pas si nous voulions décrire les procédés des Lacédémoniens, des Romains et des nations anciennes pour cuire, rapprocher ou évaporer le moût pour la préparation de leurs vins.

Disons seulement que Pline parle d'un vin qui se préparait spécialement avec des raisins Appiens, dont on différait la récolte et dont le suc était diminué de moitié par la cuisson.

M. Pastre cueille les fruits mûrs, très-mûrs, tout autrement que les autres viticulteurs, il les fait facturer de même ; mais, dans le courant de la première et de la deuxième année, il emploie pour les soutirages des procédés particuliers, sans introduire de substances étrangères pour la préparation de ses muscats. M. Pastre obtient, depuis 1837, des vins exquis, qui surprennent tous les gourmets.

Nous donnerons ici l'appréciation de quelques dégustateurs. M. Dussol, ancien négociant à Cette, a dit : « J'avais entendu parler de la cave de M. Pastre ; on me la disait la meilleure de toutes ; mais on est resté au-dessous de la vérité, car rien ne peut lui être comparé. »

M. Crozals, de Béziers, a dit à son tour : « Je

croyais avoir bu dans ma vie du muscat, mais je vois maintenant, en dégustant les vins de M. Pastre, que c'est la première fois. » M. Bouet, négociant de Cette, a dit : « C'est de la crême anglaise, bien que dans les lieux de cette ville où l'on sert le muscat, ce ne soit pas toujours celui de M. Pastre.

Tous les négociants renommés du département de l'Hérault rendent hommage aux muscats de M. Pastre, nectar délicieux qui ne figure guère que sur la table des véritables amateurs. Ces vins, nous en sommes persuadé, ont figuré plus d'une fois sur la table des Souverains.

Ajoutons, avant de déguster les muscats qui nous sont soumis, que les ouvrages de science, d'Agriculture, signalent les muscats de Cazouls-lès-Béziers. On en trouve toujours, dans les caves de M. Pastre, des foudres de 25, 50 jusqu'à 105 hectolitres, ce qui est unique pour les muscats hors-ligne.

Le dictionnaire topographique de M. Peigné, celui de M. Girard de Saint-Fargeau, disent aussi un mot : Cazouls-les-Béziers ; vins muscats les plus renommés. M. Azam, de Bédarieux, représentant de M. Pastre, consulté par la Société, déclare avoir goûté dans les caves même de M. Pastre, les muscats soumis à la Société. Il rend hommage à la science, à l'habileté, au désintéressement de ce viticulteur, parle des soins tout particuliers apportés à ses vignobles, et assure à la Société que les muscats de M. Pastre sont reconnus les plus supérieurs de tous ceux qui existent.

Les membres de la Société, après avoir dégusté les vins qui lui sont soumis, décernent aux produits de **M.** Pastre la plus haute des récompenses : « La Médaille d'or. »

M. Martel Joseph-Raymond, médecin, propriétaire, domicilié à Cazouls-lès-Béziers, possède une campagne connue sous le nom de Saint-Joseph de Mayran, ancienne dépendance de la Trésorière ; elle est située sur le territoire de la commune de Puisserguier, et à la distance de 12 kilomètres de Béziers, 3 de Puisserguier et 4 de Cazouls-les-Béziers.

Cette belle propriété, placée dans une situation des plus heureuses, produit en moyenne 700 hectolitres vin rouge de bonne qualité, 110 hect. vin muscat excellent ; 350 hect. Piquepoul ou Clairette, 10 hect. muscat rouge bon, et enfin 4 hect. environ de Tokay.

Chose digne de remarque, c'est qu'il est peu de domaines où l'on trouve une si grande variété de produits.

La plus grande partie de ce vignoble est située sur un sol rocailleux qui produit le muscat et le Tokay. Nous avons pu nous assurer nous-même, que le soleil en se levant frappe les souches, et ne les quitte qu'en disparaissant à l'horizon.

M. Martel, qui ne pratique presque plus la médecine, s'est exclusivement voué à la viticulture. L'écoulement des produits de ses vignobles et leur placement avantageux, sont pour cet intelligent propriétaire un dédommagement aux soins assidus qu'il apporte dans la conservation de ses récoltes.

Noms des Propriétaires.

MM.

Daurel, récolte 280 hectolitres muscat, 700 vin rouge ; Dulac de la Golfine, 280 muscat, 2,100 vin rouge; comte d'Ulst 280 muscat, 2,800 vin rouge ; Lugagne, 280 muscat, 1,400 vin rouge ; Pastre Etienne-Henri, 150 muscat, hors-ligne ; Singla, 280 muscat, 1,400 vin rouge ; Borel, à Montmajou, 175 muscat, 700 vin rouge, 150 h. Piquepoul ; veuve Blanc, 175 muscat, 1,400 vin rouge, 280 Piquepoul ; Martel Joseph, 110 muscat, 700 vin rouge, 350 Piquepoul, 10 muscat rouge, 4 h. Tokay ; Mlle Crestou-Singla, 175 muscat, 1,050 vin rouge, 1,050 Piquepoul; Anglade, 140 muscat, 1,050 vin rouge (demeure à Béziers) ; Vidal Bernard, 140 muscat, 1,050 vin rouge et Piquepoul ; Castel, 84 muscat, 350 vin rouge ; Cyprien, 56 muscat, 280 vin rouge ; Dulac Henri, 140 muscat, 1,200 vin rouge ; Besombes, 105 muscat, 560 vin rouge ; Huc Dulac, 28 muscat, et 280 vin rouge ; Gibaudan, vétérinaire, 175 muscat, et 560 vin rouge ; Gibaudan, fabricant, 140 muscat, 560 vin rouge ; Faurès, 1,400 vin rouge, muscat ; Pastre Jean, 84 muscat, 420 vin rouge ; Ribes, 105 muscat, 1,400 vin rouge ; Gibaudan Auguste, 105 muscat, 280 vin rouge ; Gibaudan cadet, 56 muscat, 280 vin rouge ; Gibaudan Jean, 84 muscat, 350 vin rouge ; Gibaudan Michel, 84 muscat, 350 vin rouge ; Gibaudan, ancien vétérinaire, 35 muscat,

350 vin rouge ; Gibaudan Auguste, 42 muscat, 420 vin rouge ; Hilaire, 105 muscat, 420 vin rouge ; Iché, 70 muscat, 350 vin rouge ; Mègre, 42 muscat, 210 vin rouge ; Cassafieyre Jean, 42 muscat, 280 vin rouge ; Cassafieyre Antoine, 28 muscat, 280 vin rouge ; Coudène, 28 muscat, 280 vin rouge ; Audouard, 49 muscat, 294 vin rouge ; Fraisse aîné, 84 muscat, 420 vin rouge ; Fraisse jeune, 84 muscat, 420 vin rouge ; Borrel de Cazouls, 84 muscat, 350 vin rouge ; Soulairol Urbain, 35 muscat, 1,075 vin rouge ; Soulairol Ferdinand, 42 muscat, 700 vin rouge ; Maux Barthélemy, 42 muscat, 420 vin rouge ; Maux jeune, 42 muscat, 420 vin rouge ; Gouzet Jean, 28 muscat, 280 vin rouge ; Pruneyrac Guillaume, 105 muscat, 1,200 vin rouge. Dans deux ans, récoltera 2,000 hect. environ ; Pruneyrac cadet, 105 muscat, 500 vin rouge ; Glaize, 35 muscat, 280 vin rouge, et 175 Piquepoul ; Sèbe, adjoint, 84 muscat, 490 vin rouge ; Sèbe fils aîné, 105 muscat, 280 vin rouge ; Tanabel, 42 muscat, 280 vin rouge ; Pagès Firmin, 21 muscat, 560 vin rouge ; Sèbe Jean, 70 muscat, 420 vin rouge ; Martin François, 35 muscat, 280 vin rouge; Soulairol Vital, 84 muscat, 350 vin rouge ; Thomas Frédéric, 28 muscat, 420 vin rouge ; Hylary, fabricant, 42 muscat, 210 vin rouge ; Aoust, 70 muscat, 350 vin rouge ; Fayet (campagne de Milhau), 70 muscat, 2,800 vin rouge ; Bouissézou, 350 vin rouge ; Vialas, 350 ; Martel Daniel, 42 muscat, 350 vin rouge.

—

M. Aoust, propriétaire et commissionnaire, est une personne honorable que nous signalons à **MM.** les Négociants du Nord et du Midi.

Commune de Cébazan

A 38 kilomètre de St-Pons.

—

S'il nous était permis de faire un classement des produits viticoles, non-seulement de l'arrondissement de Béziers, mais du département de l'Hérault en général, nous classerions les vins de cette commune au nombre des meilleurs vins rouges que nos contrées produisent. Couleur généralement foncée, alcooliques surtout, et vinosité qui les distinguent, telles sont les qualités qui les font rechercher par le commerce.

Noms des Propriétaires.

MM. Vènes Jacques, récolte 800 hectolitres vin rouge ; **M.** Miquel Jean, maire, 600 hect. vin rouge ; Vènes Joseph, 350 hect. vin rouge ; Barthez, 300 hect. vin rouge.

Commune de Celleneuve

Près de Montpellier.

—

Les vins rouges de cette localité sont riches en alcool et en couleur ; il est à regretter que la production ne soit pas plus abondante , le commerce pourrait alors s'y approvisionner de la manière la plus avantageuse. Les nouvelles plantations qui se sont faites pendant ces dernières années, promettent de doubler ces bons produits dans deux ans.

Noms des principaux Propriétaires.

MM

David Hippolyte, propriétaire, récolte 500 hect. vin rouge 1re qualité ; il récoltera dans deux ans 700 hect. environ. Ses celliers contiennent des vins vieux.

Roger Etienne, récolte 1,500 hect. vin rouge de montagne, excellent vin de table.

Chauliac fils aîné, propriétaire et négociant en gros, récolte 1,500 hect. vin rouge 1re qualité.

Cette Maison fabrique les 3|6. Elle est en relation avec les principales maisons du nord de la France et de l'Etranger ; la bonne fabrication de ses produits lui ont mérité la confiance des plus grandes maisons.

Commune de Cers

—

Cette localité dont la population n'excède pas le chiffre de 280 habitants et qui est située à 11 kilomètres de Béziers, 2 de Sérignan et de Villeneuve-lès-Béziers, peut prendre place au premier rang des communes de l'arrondissement de Béziers, qui produisent du vin rouge de qualité supérieure.

Pendant longtemps, les vins de cette commune ont joui d'une réputation justement acquise, qui les faisaient rechercher activement par le commerce. Aujourd'hui, cette supériorité marquée qu'ils ont eu sur les vins du pays, s'affaiblit, car dans le plus grand nombre des communes, les propriétaires comprennent que pour avoir de grands débouchés et obtenir de bons résultats, il convient qu'ils livrent de bons vins aux consommateurs.

Noms des Propriétaires.

MM.

Belpel Auguste, maire, récolte 2,800 hect. vin rouge ; Sahuc, 2,800 ; Fourès, 1,800 ; Laspeyres, 2,100 ; Sabatier, 1,750 ; M. Ousse, 1,400 ; Martin, 1,400 ; Arnaud, 1,400 ; Lucien, 700 ;

Chastre, adjoint au maire, 560 ; Germain , 700 ; Belpel, neveu, 350; Belpelou, 350; Caillan Henri, 210 ; Belpel Achille, 210.

On y compte encore un assez grand nombre de propriétaires, récoltant de 25 à 30, 40 et 50 hectolitres.

Commune de Cessenon

A 33 kilomètre de St-Pons.

Cette localité est désignée comme une de celles du département de l'Hérault, d'où l'on tire d'excellents produits. A la vérité, ceux qui s'en sont assurés avant nous, n'ont pas fait un faux jugement. Il ne suffit d'ailleurs que de parcourir le terroir généralement calcaire sur lequel se trouvent les vignobles, de voir leur belle exposition au soleil, pour se faire une idée bien exacte de la nature des produits qu'on en retire.

Là, comme ailleurs, les propriétaires intelligents s'occupent sérieusement de culture ; aussi on ne doit pas être surpris si leurs vins, qui sont excellents pour la table, ont été reconnus supérieurs.

Noms des principaux Propriétaires.

MM.

Massot, récolte 1,600 hectolitres vin rouge ;
Mellé, 1,600; Castel, 1,200 ; Mourgues, 1,000.

Commune de Corneillan

A 6 kilomètres de Béziers.

Depuis quelques années, nos viticulteurs ont compris que si les vignobles qui composent la plus grande partie du territoire du département de l'Hérault en général, et de l'arrondissement de Béziers en particulier, sont la principale richesse du pays, il fallait conséquemment se mettre résolument à l'œuvre, lorsque tout ici-bas progresse et marche à pas de géant, et obtenir, soit par la manière de travailler la vigne, soit par les soins assidus que les recoltes nécessitent, des produits plus importants et d'un rapport plus élevé.

Jadis, la majeure partie des produits viticoles de cette commune étaient si négligés, qu'une minime partie de la récolte pouvait être livrée au commerce, lorsque les fabricants de 3\6 s'emparaient de l'autre partie qui, du reste, n'était bonne qu'à passer par la chaudière.

Aujourd'hui, il n'en est plus ainsi; les propriétaires de Corneillan ont suivi l'impulsion donnée par nos viticulteurs intelligents, et s'efforcent pour les imiter. Le terrain sur lequel les vignes sont plantées, est généralement sablonneux et produit d'assez bon vin.

Noms des principaux Propriétaires.

MM.

Lagarrigue Maurice, maire, récolte 1,000 hect. vin rouge, Guéry Gabriel, récolte 1,000 hect. vin rouge ; Chaussouy François, 800 ; Chaussouy Jean, 800 ; Audibert, 600 ; Blayac, mari Sabe, 600 ; Gély Pierre, 600 ; Paillard Joseph, 500 ; Gateleau Barthélemy, 500 ; Sabes, mari Dragon, 500.

Commune Cournonterral

A 15 kilomètres de Montpellier.

Le crû le plus important de cette commune que nous signalons au commerce, appartient à M. Chabrier, propriétaire.

Il produit annuellement, en moyenne, 8,400 hectolitres bon vin de table.

Commune de Creissan

A 19 kilomètres de Béziers.

—

Cette localité, avec la commune de Cazedarnes et de Cébazan, sont contiguës au territoire de la commune de Puisserguier qu'elles enclavent, comme dans un fer à cheval, au milieu des Garrigues. Creissan fournit des vins d'une qualité supérieure et d'une couleur foncée très-vive, que le commerce recherche pour les coupages.

Ces vins peuvent être cités comme des plus beaux.

Noms de MM. les Propriétaires.

MM.

Teissier Hilaire, maire, récolte 1,000 hect vin rouge et 50 muscat; veuve Robert Louise 700 vin rouge; Négrier, 700; Régnier, 700; veuve Pujol, 500; Teissier Justinien, commissionnaire, 500; Teissier Louis, adjoint au maire, 500; Rouvière, 350.

Commune de Cruzy

A 32 kilomètres de St-Pons.

—

La commune de Cruzy est à 25 kilomètres de Béziers et à 18 de Narbonne. Elle est située entre les communes de Montouliès, d'Argeliès de Quarante, de Creissan, de Cébazan et de Saint-Chinian, son chef-lieu de canton.

Ces noms, bien connus du commerce, réveillent dans l'esprit l'idée des meilleurs vins qui se produisent dans le Languedoc. Cruzy, placé au centre, produit des vins qui possèdent les qualités qui distinguent ces crûs si renommés.

Vitis amas colles : ces mots écrits il y a deux mille ans, semblent l'être aujourd'hui pour la commune de Cruzy. Ses collines en amphithéâtre se dirigeant de l'Est à l'Ouest, abritées des vents du Nord et parfaitement exposées au Midi, sont couvertes de petites pierres calcaires et parfois de cailloux roulés siliceux ; elles produisent en abondance toute espèce de plante aromatique. L'aspic et le Thym, le Romarin, le Cyste blanc et le Cyste rose, etc.

C'est sur le penchant de ces serres abritées et parfumées que la vigne produit des vins délicieux; les bas-fonds sont généralement complantés en

Aramont, Carignan, Morestel et Alicante ; ces der-
diers cépages s'élèvent bientôt et prennent pos-
session exclusive de ces côteaux privilégiés.

Les vins des collines mêlés à ceux des vallées,
procurent un vin de table léger de couleur, mais
brillant et d'un bouquet exquis.

Le vin des côteaux seul, sans mélange avec celui des bas-fonds, est plus aromatique, plus coloré,
plus alcoolique, et se présente avec toutes les qualités que le commerce recherche pour les coupages.

Les vins blancs, les Blanquette, les Piquepoul,
les Bouteillan, le Rivairenc, prennent la mousse
avec beaucoup de facilité ; l'Alicante fait en blanc
donne un vin doux aussi parfumé que les grands
vins d'Espagne.

Les vins de cette commune se conservent si bien
et sont si recherchés par le commerce, que la
seule fabrique établie autrefois pour la fabrica-
tion des 3|6, ne fonctionne plus maintenant que
pour brûler le marc.

La commune de Cruzy n'a guère aujourd'hui
que deux récoltes principales, le vin et l'huile ;
mais cette huile à grande réputation diminue tous
les jours, la vigne envahissant tout le territoire
destiné à produire les meilleurs vins de table du
Languedoc.

Les principaux propriétaires de cette commune
sont :

MM.

Andoque Alexandre , de Serièges , récolte
12,600 hectolitres vin rouge ; Mondiés Auguste,
50 ; Donatien Etienne, 2,110 ; Terral Emile, 700 ;
Terral Pierre (fils d'autres), 700 ; Guarrignenc ;
Jean, 560 ; Cabanes Joseph, 560 ; Terral, aubergiste, 560 ; de Lapeyrouse, notaire, 550 ; Salvagniac Martial, 550 ; Miquel frères , 350 ; Vidal
aîné et Villebrun.

Nous recommandons particulièrement à MM.
les négociants du Nord et du Midi MM. Martin ,
propriétaire, et Tarbouriech, aubergiste, qui s'occupent de la commission, car ils jouissent l'un et
l'autre de la confiance publique.

Commune de Fabrègues

A 13 kilomètres de Montpellier.

—

Si l'on veut se rendre un compte exact des progrès que la viticulture a fait dans le département
de l'Hérault, il faut parcourir, visiter soigneuse-
ment les vignobles de l'un des propriétaires les
plus éminents de nos contrées méridionales.

Nous voulons parler de M. Marès Henri, mem-

bre du Conseil général, secrétaire perpétuel de la Société d'Agriculture de l'Hérault.

Les propriétés de cet intelligent et infatigable agriculteur, produisent environ 10,000 hectolitres de vin dont la moitié se compose de vin rouge de côteau, de Grenache, de Piquepoul ; l'autre moitié de vins légers, rouges et blancs, propres au commerce.

Merle maire, récolte 560 hectolitres vin rouge de table ; Arnéde J.... 1,400 ; Etienne Merle de Bertrand, 700 ; Merle Antonin, 875.

Commune de Faugères

A 25 kilomètres de Béziers.

Quoique la quantité d'hectolitres de vin que cette localité produit, ne soit pas considérable , et que les propriétaires les plus importants ne récoltent en moyenne que de 40 à 50 hectolitres par an, il est cependant justice , que de la signaler au commerce en général. Faugère produit d'excellents vins rouges et du muscat estimés ; les premiers ne le cèdent en rien à ceux de Causses et Veyran dont nous avons parlé, et les seconds à ceux de Cazouls, Maraussan et Frontignan ; au reste, la vinosité, l'arôme, etc., qui les distinguent, sont, croyons-nous des qualités suffisantes pour les faire rechercher par MM. les négociants.

Les propriétaires des meilleurs crûs sont :

MM.

Raynaud Jean, récolte 420 hectolitres ; Triol Barthélemy, 420 ; Joubert, 420 ; Sadde Hilaire , 350.

Commune de Florensac

—

Cette commune produit d'excellents vins pour le commerce.

Principaux propriétaires.

MM.

De Ricard Louis, 14,000 hectolitres ; Rey de Bellonet , 8,400 ; Fabre de Roussac, 7,000 ; Pouilhe, 5,600 ; De Rascas, 5,600 ; Barral d'Arènes, 5,600 ; de St-Etienne, 5,600 ; Barral, négociant , 4,200 ; Chaliès, 4,200 ; (médaille d'argent pour les 3|6 à l'exposition de Montpellier,

et à Pézénas) ; Les frères Fraisse, maire, 4,200 ;
de Fontenille, 4,200 ; Lépine, 4,200 ; Sauvaine,
5,000 ; Coneau Armand, 1,400 ; Iché ainé, adjoint au maire, 1,400 ; Magne, 1,400 ; Armelli,
1,400 ; Fraisse Auguste, 1,400; Bascou, 1,050.

Commune de Frontignan,

Distance de Montpellier en chemin de fer, 45 minutes ;
par voitures, 22 kilomètres.

La réputation des vins muscats de Frontignan ,
est européenne ; ils sont précieux et fins, se conservent longtemps.

Ces vins, qui jouissent d'une réputation justement acquise , ont trouvé de bien rudes concurrents dans ceux que produisent les vignobles de
MM. Pastre Henri, Martel, docteur médecin, propriétaire à Cazouls-lès-Béziers; Cadilhac, docteur
médecin à Puisserguier, Rouch-Cabanes, propriétaire à Mauraussan , Daurel, chevalier de la Légion-d'honneur, propriétaire à Cazouls-lès-Béziers
et à Maraussan ; Laforgue , propriétaire à Quarante.

Nous avons dégusté plusieurs fois les vins muscats de Frontignan, nous les avons toujours trou-

vés si exquis, que nous n'aurions jamais pu croire qu'ils eussent des rivaux que l'on trouve dans les caves des propriétaires que nous avons cités, et particulièrement dans celle de M. Pastre Henri, à Cazouls-lès-Béziers. Aussi, en dégustant les vins de ce propriétaire, nous disons avec M. Dussol, ancien négociant à Cette : « Javais entendu parler de la cave de M. Pastre ; on me la disait la meilleure de toutes ; mais on est resté au-dessous de la vérité, car rien ne peut lui être comparé.

« Nous dirons aussi avec M. Crozals de Béziers : je croyais avoir bu dans ma vie du muscat, mais je vois maintenant, en dégustant les vins de M. Pastre, que c'est la première fois. »

Propriétaires des principaux crûs :

MM.

Poulhe maire, récolte 600 hectolitres vin rouge, 300 hect. muscat blanc, premier crû ; 50 muscat rouge, seul propriétaire, qualité hors ligne ; muscat vieux de dix à cinq ans dans sa cave.

Boisse Gaston, adjoint au maire, récolte 400 hect. vin rouge ; 50 vin muscat, 1re qualité ; muscat vieux, récolte de 1859, 60 hect. en cave.

Argelliez-Lairolle.

Barral Louis, médaille de première classe à l'Exposition universelle en 1855.

Barral Georges, expédition en France et à l'étranger, en caisse et en fûts ; pour renseignements à Paris, rue Saint-Honoré, 41.

Noms des Propriétaires.

MM.

Ponsenaille Auguste, récolte 1,700 hect. vin rouge ; Bonnal, maire, 1,400 ; Bernard Hippolyte, ancien maire, 1,400 ; Brousse, 1,400 ; Blanquier Benjamin, 4,050 ; Delon, fabricant, 1,050 ; Crassous Louis, 1,050 ; Crubézi Pascal, 1,400 ; Ponsenaille Louis, 1,040; Delon, 1,050; Martin Casimir, 2,050 ; Jobyte Martin, 700 ; Ramel Adolphe, 700 ; Decor Louis, 700 ; Ramel Edouard, 700. On nous a signalé le vin de ce propriétaire, comme étant le meilleur de la commune; Merle François, 560 ; Nalis Jean, 560 ; Delon Louis, 560 ; Merle François, 560 ; Crubezi Etienne, 470 ; Cros Joseph, 700 ; Auriac Paulin, 700 ; Bétus Antoine, 420 ; Condat Gabriel, 420; Audouy Louis, 350.

La commune de Lespognan possède deux distilleries appartenant à MM. Auriac Louis et Delon Bernard.

Commune de Lieuran-les-Béziers et Ribaute.

A 10 kilomètres de Béziers, 2 de Bassan et 4 de Boujan.

Cette localité produit des vins rosés et d'autres assez chargés en couleur : Les vignobles sont situés sur un sol rocailleux qui les rend très-alcooliques, et les fait conséquemment rechercher par les consommateurs et les négociants.

Lieuran produit aussi du vin muscat, mais en petite quantité ; nous sommes heureux de dire, qu'au Concours régional de Montpellier, en 1860, celui que M. Ceillé, maire, envoya à l'exposition, obtint une médaille d'argent.

A Lieuran comme ailleurs, MM. les propriétaires s'attachent à produire de très-bonnes qualités. Il ne suffit, au reste, que de signaler les nouvelles plantations qui s'effectuent, Carignan, Aramont et Alicante, pour se convaincre de ce fait que nous aimons à signaler au commerce.

Noms des propriétaires les plus importants :

MM.

Ceillé, maire, récolte 110 hectolitres muscat, 1,750 vin rouge ; Cabanel, adjoint au maire, 56 muscat, et 560 vin rouge ; veuve Devilla, 42 muscat, et 1,500 vin rouge ; Devilla frères, 30 muscat, et 1,500 vin rouge ; Senquéry, 30 muscat, et 560 vin rouge ; Azéma, 30 muscat, et 560 vin rouge ; Granier, maire à Causses et Veyran, 460 vin rouge ; Muratet, 490 ; Paulhac Paul, 490 ; Claude, 420 ; Maret Jean, 420 ; Maret Ferdinand, 420 ; Pradal, 420 ; Duquen, 350 ; Guibert, 350 ; Pradal Auguste.

Commune de Laurens

A 10 kilomètres de Béziers, 3 d'Antignac et 5 de Faugère.

—

Le terroir de cette commune est situé dans une belle position ; le sol chisteux sur lequel se trouvent les vignobles produit d'excellents vins qui, quoiqu'assez foncés et alcooliques, sont légers et peuvent prendre rang parmi les bons vins de table.

Les plantations nouvelles consistent en Carignan, Morestel et Alicante; ce qui prouve que là, comme ailleurs, les propriétaires cherchent à obtenir des vins de qualité supérieure.

Noms de MM. les Propriétaires.

MM.

Geipt, récolte 700 hectolitres vin rouge ; Mazières, 700 ; Basset, 500 ; Reveil Luc, 500 ; Cadenat J., maire, 400 ; Cadenat Irénée, 400 ; de Laurens, 400 ; Bayle, 400 ; Cadenat Etienne, adjoint au maire, 300 ; Granier, 300 ; Gibal, 300 ; Portal Pierre, 300 ; Pastre, 300 ; Privat, 250 ; Bron, 250 ; Castan Jean, 250 ; Granier Joseph, 250 ; Granier Etienne, 250 ; Combes, 200 ; Lagarde, 200 ; Portal Etienne, 200 ; Rességuier, 200.

Commune de Lespignan

Située à 10 kilomètres de Béziers, 4 de Nissan et 4 de Vendres.

—

La plus grande partie des vignobles de cette commune qui produit des vins de bonne qualité, sont situés sur des côteaux très-bien exposés au Midi ; le reste est dans la plaine qui, quoique produisant des vins inférieurs, n'en sont pas moins bons pour le commerce.

Voici les noms des campagnes qui font partie de cette localité :

La campagne de Castelnau appartenant à M. Durand, Palerme, produit 2,800 hect. vin rouge.

La campagne de Pech, appartenant à M. Martial à Béziers, produit 10,500 hect. vin rouge.

La campagne de Saint-Pal, appartenant à M. de Méric, produit 4,200 hect. vin rouge.

La campagne de Viagues, appartenant à M. de Villeneuve, produit 2,800 hect. vin rouge.

La campagne de Saint-Aubin, appartenant à M. Carratier, marchand de bois à Béziers, produit 1,400 hect. vin rouge.

La campagne de Saint-Aubin, appartenant à M. Guirbal, Béziers, produit 2,800 hect. vin rouge.

Noms des Propriétaires.

MM.

Ponsenaille Auguste, récolte 1,700 hect. vin rouge ; Bonnal, maire, 1,400 ; Bernard Hippolyte, ancien maire, 1,400 ; Brousse, 1,400 ; Blanquier Benjamin, 4,050 ; Delon, fabricant, 1,050 ; Crassous Louis, 1,050 ; Crubézi Pascal, 1,400 ; Ponsenaille Louis, 1,040 ; Delon, 1,050 ; Martin Casimir, 2,050 ; Jobyte Martin, 700 ; Ramel Adolphe, 700 ; Decor Louis, 700 ; Ramel Edouard, 700. On nous a signalé le vin de ce propriétaire, comme étant le meilleur de la commune ; Merle François, 560 ; Nalis Jean, 560 ; Delon Louis, 560 ; Merle François, 560 ; Crubezi Etienne, 470 ; Cros Joseph, 700 ; Auriac Paulin, 700 ; Bétus Antoine, 420 ; Condat Gabriel, 420 ; Audouy Louis, 350.

La commune de Lespognan possède deux distilleries appartenant à MM. Auriac Louis et Delon Bernard.

Commune de Lieuran-les-Béziers et Ribaute.

A 10 kilomètres de Béziers, 2 de Bassan et 4 de Boujan.

Cette localité produit des vins rosés et d'autres assez chargés en couleur : Les vignobles sont situés sur un sol rocailleux qui les rend très-alcooliques, et les fait conséquemment rechercher par les consommateurs et les négociants.

Lieuran produit aussi du vin muscat, mais en petite quantité ; nous sommes heureux de dire, qu'au Concours régional de Montpellier, en 1860, celui que M. Ceillé, maire, envoya à l'exposition, obtint une médaille d'argent.

A Lieuran comme ailleurs, MM. les propriétaires s'attachent à produire de très-bonnes qualités. Il ne suffit, au reste, que de signaler les nouvelles plantations qui s'effectuent, Carignan, Aramont et Alicante, pour se convaincre de ce fait que nous aimons à signaler au commerce.

Noms des propriétaires les plus importants :

MM.

Ceillé, maire, récolte 110 hectolitres muscat, 1,750 vin rouge ; Cabanel, adjoint au maire, 56 muscat, et 560 vin rouge ; veuve Devilla, 42 muscat, et 1,500 vin rouge ; Devilla frères, 30 muscat, et 1,500 vin rouge ; Senquéry, 30 muscat, et 560 vin rouge ; Azéma, 30 muscat, et 560 vin rouge ; Granier, maire à Causses et Veyran, 460 vin rouge ; Muratet, 490 ; Paulhac Paul, 490 ; Claude, 420 ; Maret Jean, 420 ; Maret Ferdinand, 420 ; Pradal, 420 ; Duquen, 350 ; Guibert, 350 ; Pradal Auguste.

Commune de Lignan

A 7 kilomètres de Béziers.

—

MM. les propriétaires de cette commune s'occupent généralement bien de leurs vignobles qui produisent pour la plupart des vins qui, quoique légers, sont avantageusement utilisés par le commerce. Nous faisons cependant remarquer à MM. les négociants, qu'une partie du territoire de Lignan produit des vins rouges excellents pour la table.

Les principaux propriétaires de cette commune sont :

MM.

Chaussouy, Espinadel, Guy, Roudier, Rullière, Salvan.

—

Commune de Lunel

A 23 kilomètres de Montpellier.

—

Cette commune est une des plus importantes du département pour le commerce des vins. Elle produit du vin rouge bonne qualité, que l'on convertit généralement en eaux-de-vie, et du vin muscat très-estimé.

Voici les noms des propriétaires des meilleurs crus :

MM.

Chrestien, docteur à Montpellier *(Côté de Mazet)* vins muscats les plus fins et les plus estimés.

Nourrigat Emile, éducateur de vers à soie, ayant obtenu 15 médailles aux diverses expositions, a obtenu une médaille à l'exposition universelle de 1855. La *Côte de Fontbonne*, dont il est le propriétaire, produit du bon muscat, Tockai, etc.

Raynaud fils, propriétaire du crû de *Belliol*, dont les produits sont bons.

Tandon, propriétaire du crû *Pouquet*.

Commune de Lunel-Viel

Située à 16 kilomètres de Montpellier.

—

C'est sur le territoire de cette commune, que se trouve le côteau renommé qui produit le délicieux muscat de Lunel. Ces vins muscat jouissent de la même réputation que ceux de Frontignan ; ils sont plus précieux et plus fins , mais ils ont moins de corps , un goût plus prononcé, et ne se conservent pas aussi longtemps.

Noms des Propriétaires.

MM.

Rochet Pascal, propriétaire et adjoint au maire, récolte 350 bect. vin rouge bon cru, et 3 Tokai , qualité supérieure.

Guérichon André-Eugène, commissionnaire des vins et des propriétés, propriétaire, par Lunel, récolte 600 hect. vin rouge, bon crû. Il offre à MM. les Négociants les bons muscats de Lunel ; il connaît tous les bons crûs des propriétés, à 28 lieues à la ronde ; il est en relations d'affaires avec le commerce des départements du Midi et du Nord de la France.

Commune de Maurassan

A 6 kilomètres de Béziers.

—

Cette commune fonrnit en abondance des vins rouges, Piquepoul, Blanquette et Alicante fort estimés ; mais c'est surtout pour son vin muscat, qu'elle s'est placée au rang des premiers crûs de France. Elle produit à elle seule dix fois autant que Lunel et Frontignan réunis, dont elle approvisionne en grande partie le commerce.

Le muscat de Maraussan est cité, notamment dans la 5ᵉ édition de l'Empélographie du comte Odart, comme le meilleur qu'il ait rencontré. Le vin dégusté par l'auteur provenait des vignes de M. Daurel, propriétaire à Cazouls-les-Béziers et à Maraussan, chevalier de la Légion-d'Honneur, ex-lauréat du concours et de l'Exposition universelle de Paris, 1855 ; on trouvera dans cette cave de 8 à 900 hectolitres de muscat extrà-vieux.

La finesse, le moëlleux, la générosité, l'arôme suave et caractéristique qui distingue ce vin très-longtemps méconnu, sont le résultat de la nature du terrain, de l'exposition du cépage et des soins intelligents que les propriétaires apportent à la production.

Les principaux vignobles, situés dans d'excellentes positions et appartenant à MM. Daurel, Rouch-Chavernac, Fraissinet, Sahuc, Balamand, Tindel, sont on ne peut plus dignes de remarque, si l'on considère surtout que c'est à leur belle exposition des cépages au soleil, que le muscat dont nous venons de faire justement l'éloge doit sa qualité, son arôme et son musc.

Si nous avons constaté que les viticulteurs de Cazouls-les-Béziers, ainsi que ceux de toutes les communes que nous avons parcourues, avaient fait de grands progrès dans l'amélioration et l'aménagement de leurs caves , cherchant à rendre plus faciles les soins qu'ils ont à donner à leurs vendanges , nous pouvons , dans notre impartialité , constater que le plus grand nombre des propriétaires de Maraussan ont fait aussi des progrès on ne peut plus notables dans le perfectionnement de leurs produits. Aussi , par leur intelligence et leurs procédés naturels de vinification, ils classeront bientôt , nous n'en doutons pas , leur commune au premier rang de celles de l'Empire , sachant surtout que quelques crûs y ont déjà pris place.

Quoique ces vins , comme nous l'avons dit plus haut, aient été longtemps méconnus, voici ce qu'on raconte à leur sujet :

Un personnage éminent de la cour soumit à l'appréciation de l'Empereur Nicolas, du vin muscat que le docteur Ronch , de son vivant , maire de Maraussan (maison Rouch-Cabanes) avait envoyé au comte Orloff : « C'est du soleil en bouteille, » s'écria l'autocrate, et aussitôt , il ordonna à un de ses intendants de faire venir des plants pour un des versants les mieux exposés du plateau de Jaïla ; mais quoique cette partie sud de la Crimée produise des vins estimés et des fruits du Midi , l'essai tenté à grands frais ne fut pas heureux; car quelques années plus tard, le czar étonné demandait à l'Intendant pourquoi on n'avait pu obtenir qu'un vin inférieur. «Sire, répondit celui-ci, M. le Maire de Maraussan nous avait envoyé des plants de son vignoble) mais non la terre et le soleil. » Le czar se tut , et depuis lors la cour de Russie se résigne à demander à la maison Rouch-Cabanes ce moderne nectar destiné à soutenir sur les tables les plus aristocratiques, la renommée des vins de liqueur français, à côté des vins de Chypre, de Céphalonie et de Syracuse.

Sous l'intelligente direction de M. Gratien Cabannes neveu et gendre, de MM. Rouch frères, le vignoble de la famille n'a pas dégénéré ; aussi, des exportations nombreuses sur tous les points dù globe donneront-elles bientôt à ces crûs la réputation que lui ont justement acquise la qualité de ses produits et les anciennes traditions de loyauté de ses propriétaires. Nous avons dégusté de l'Alicante très-vieux, que l'Espagne pourrait nous envier.

La récolte moyenne de cette propriété est d'environ 560 hectolitres muscat, 3,500 vin rouge, Piquepoul, Blanquette, etc.

M. Josserand, propriétaire, récolte en moyenne 1,400 hectolitres vin rouge et muscat. Nous signalons particulièrement à MM. les négociants du Nord et du Midi les vins de ce propriétaire, que nous avons dégusté, et qui peuvent hardîment prendre place parmi les meilleurs produits de cette imporante localité.

Noms des Propriétaires.

MM.

Daurel, chevalier de la Légion-d'Honneur (médailles d'or et d'argent, Concours et Exposition universelle, Paris 1855), récolte 700 hect. muscat, 4,200 vin rouge, Piquepoul et Blanquette.

Rouch-Chavernac, récolte 560 hect. muscat, 3,500 vin rouge; Rouch-Cabanes, 560 muscat; 3,500 vin rouge, Piquepoul, Blanquette; Jullien, 560 muscat, 2,800 vin rouge, Piquepoul, Blanquette; Fraissinet, 420 muscat, 2,800 vin rouge, Piquepoul, Blanquette; Sahuc, maire, 250 muscat, 2,800 vin rouge, Piquepoul, Blanquette; Balamand-Tindel, 200 muscat; 2,000 vin rouge, Piquepoul, Blanquette; Rouanet, 250 muscat, 2,000 vin rouge, Piquepoul, Blanquette; Tindel Azam, 100 muscat, 1,000 vin rouge, Piquepoul, Blanquette; Chavardès dit Charette, 84 muscat, 660 vin rouge, Piquepoul, Blanquette; Durand Frédéric, 84 muscat, 660 vin rouge, Piquepoul, Blanquette; Crouzat Augustin, 84 muscat, 655 vin rouge, Piquepoul Blanquette; Balamand cadet, 84 muscat blanc, 28 muscat rouge; Bertrand Casimir, 84 muscat blanc, 200 vin rouge; Chavardes Pierre, 83 muscat blanc, 650 vin rouge; Durand Victor, 83 muscat blanc, 665 vin rouge; Abbes Emile, 83 muscat blanc, 660 vin rouge; Durand percepteur, 105 muscat blanc, 420 vin rouge; Ginieis, 100 muscat blanc, 700 vin rouge;

Domairon Auguste, **82** muscat blanc, **660** vin rouge ; Abbes fils, **82** muscat blanc, **645** vin rouge ; Chavardès Léandre, **81** muscat blanc, **645** vin rouge ; Barthez, **81** muscat blanc, **656** vin rouge ; Chavardès Jean, **80** muscat blanc, **600** vin rouge ; Tindel dit Bassan, **80** muscat blanc, **300** vin rouge ; Roux Jean-Étienne, **70** muscat blanc, **560** vin rouge ; Mailhac cadet, **70** muscat blanc, **300** vin rouge; Boisseson, **56** muscat blanc, **350** vin rouge ; Bizot Jean, **56** muscat blanc, **700** vin rouge ; Abbal aîné, **50** muscat blanc, **1,000** vin rouge; Vidal Antoine, **50** muscat blanc, **1,000** vin rouge ; Balamand Bernard, **45** muscat blanc, **230** vin rouge ; Vidal Barthélemy, **30** muscat blanc, **1,000** vin rouge ; Robert Victor, **30** muscat blanc, **600** vin rouge et Piquepoul ; Chavardès Joseph, **30** muscat blanc, **300** vin rouge et Piquepoul ; Mailhac Victor, **30** muscat blanc, **220** vin rouge ; Durand Casimir, **30** muscat blanc, **450** vin rouge ; Bizot Ditherin et son beau-père, **30** muscat blanc, **700** vin rouge ; Robert Auguste, **25** muscat blanc, **350** vin rouge ; Guy dit Moutard, **20** muscat blanc, **360** vin rouge ; Guiraud aîné, **15** muscat blanc, **700** vin rouge ; Domairon aîné, **15** muscat blanc, **500** vin rouge ; Vie Balthazar, **15** muscat blanc, **300** vin rouge ; Vie Napoléon, **15** muscat blanc, **300** vin rouge.

La confiance que le sieur **BALAMAND** cadet et fils s'est acquise par la loyauté qu'il a constamment apportée dans les transactions qu'il a opérées jus-

qu'à ce jour, les connaissances qu'il a des **divers**
vignobles et caves de la commune de Maraussan **et**
des environs, l'ont classé an nombre des commissionnaires les plus recommandables. Nous aimons
donc à le signaler à l'attention de MM. les propriétaires et négociants.

Le sieur **ROBERT** Victor, qui depuis trente ans
exerce la profession de tonnelier et de commissionnaire, est une personne très-honorable.

Il se recommande à **MM.** les Négociants **du**
Midi et du Nord.

Commune de Marseillan

Situéc à 7 kilomètres d'Agde et 7 de Bessan.

Le territoire de cette commune est très-bien exposé ; aussi, les vignobles qui généralement **sont**
sous vergue, nom que l'on donne aux collines **sur**
lesquelles les plantations sont faites, produisent-
ils des vins blancs, Piquepoul, Terret-Bourret,
premier choix.

Les vins rouges, quoique n'ayant pas une couleur foncée, n'en ont pas moins les autres qualités
que le commerce recherche.

Les propriétaires voulant obtenir des vins meilleurs plus riches en couleur , font les nouvelles plantations avec le Carignan , l'Aramont et l'Alicante ; ils ont parfaitement compris, du reste, que pour que les vins du Midi , mieux vaut dire pour le département de l'Hérault, puisque c'est de lui que nous nous occupons , ne soient plus délaissés à l'avenir par MM. les négociants du Nord et de l'Etranger ; il faut, disons-nous, non-seulement obtenir de bons produits , mais leur donner une plus belle apparence , ce qui leur manque généralement.

Noms des Propriétaires.

MM.

Barral Estève, récolte 7,000 hect. vin rouge ; Audouart, adjoint au maire, 5,600 ; Canet Justin , 4,200 ; Canet, 2,800 ; Maffre Saint-Victor , maire , 2,800 ; Maffre Eugène , 2,800 ; Bayle Marcel, 2,100 ; Tréboulon, 2,100 ; veuve Maffre, 2,100 ; Cabanes, 2,100 ; veuve Bouisset, 2,100; veuve Canet , 1,400 ; Séré, 1,400 ; Maffre-Lacamp, 1,400 ; veuve Bayle-Texier, 1,400; veuve Bayle , 1,400 ; Bayle Martial , 1,400 ; Moffre Sernin, 1,050 ; veuve Pradelle , 700 ; Mallordy, 700 ; Fabre, 700 ; veuve Cazalis, 700 ; veuve Vivarez , 700 ; Azaïs, 700, Déjean aîné, 700; Déjean Etienne, 700 ; Déjean Pierre, 700 ; Salles , 560 ; Ruhl Jean, 560 ; Ruhl, 500 ; veuve Rozan, 650 ; Mas Elie ; 560 ; Dazalis , 560 ; Querelle Albini , 560; Bélitrand ; 560 ; Blaquière , 560 ;

veuve Saysset , 560 ; Garanson , 355 ; Fabre , 550 ; Pelisson, 550 ; Marès, 280 ; Voisin Etienne, 210.

Communes de Maureilhan et Ramejan

Située à 10 kilomètres de Béziers, 8 de Capestang et 7 de Puisserguier.

—

L'Aramont nous a paru être le cépage privilégié , car, après avoir vu la plus grande partie des plantations qui se sont effectuées depuis deux ou trois ans , nous constatons que les propriétairès accordent une préférence très-marquée à cette qualité de vin. Nous n'en dirons point les causes , car nous serions totalement en dehors du sujet de notre ouvrage et nous nous engagerions dans une voie que nous ne pourrions suivre.

Conséquemment , nous nous bornerons à dire qu'à Maureilhan , comme dans toutes les autres communes de l'arrondissement de Béziers , les propriétaires ayant remarqué que les mauvais vins n'ont ni valeur , ni cours, s'occupent sérieusement à obtenir de bons produits qui , nous en sommes certains , les dédommageront amplement de leurs longs et pénibles travaux.

Noms des principaux Propriétaires.

MM.

Suchet, récolte 2,100 hect. vin rouge ; Singla, 1,750 ; Bessière, 1,400 ; Coste Frédéric, 1,400 ; Guibert Antoine , 1,400 (campagne de la Phrosine) ; Cadecombe Eugène, 1,400 ; Clérin Vincent, 1,050 ; Latapie Clément, 700 (campagne de Lacomulet) ; Fourès, 700 ; Bédrine, 700 (campagne de Lussan) ; Dubès, 560 ; Palazi Antoine , 560 ; Gasagne Jean, 560 ; Tarbouriech, 490.

Commune de Montady

A 7 kilomètres de Béziers, 2 de Colombiers que longe le canal du Midi.

—

Son territoire se compose de terres en plaine et de côteau ; c'est sur cette moindre partie que sont plantées les vignes que renferme cette commune qui produit des vins pour la plupart estimés.

Les propriétaires qui résident à Mentady sont, savoir :

MM.

Veuve Audibert, récolte 2,700 hect. vin rouge, 140 Piquepoul, Clairette et Muscat; Abbal Etienne, 560 vin rouge ; Rouby Etienne, adjoint au maire, 490 ; Souby Guillaume, 350 ; Capdecombes Barthélemy, 350 ; Vien Etienne, 350 ; Aubes Louis, 350 ; Delfaud Jean, commissionnaire, 450; Rouby Etienne jeune, 350; Izard Marcel, commissionnaire, 350.

MM. les propriétaires dont les noms suivent habitent Béziers.

Lagarrigue père, banquier, propriétaire du domaine de Bousquet, récolte 4,500 hect. vin rouge et 140 muscat.

Fayet, propriétaire du domaine de la Tour, récolte 4,200 hect. vin rouge.

Commune de Montblanc

A 12 kilomètres de Béziers et 5 de Servian.

Les principaux propriétaires de cette localité dont les produits sont bons pour le commerce sont :

MM. Robert (campagne des Castans) ; Amiel Desroys, médecin ; la famille Pastre-Feuilliés ; Jeanjean ; Me de Sarret de Concergues, récolte en moyenne 7,000 hect. de vin rouge bonne qualité.

Commune Montouliez

A 5 kilomètres de Cruzy.

Noms des Propriétaires les plus importants.

MM.

Miquel Emile, 1,400 ; Desmarquès Victor, 1,050 ; Cabanes Thomas, 700 ; Mondiez Antoine, 420 ; Catala Victor, 420.

Commune de Murviel

A 13 kilomètres de Béziers.

Le terroir de cette commune produit d'excellents vins rouges, légers et alcooliques ; le commerce peut les employer de la manière la plus avantageuse.

Les propriétaires intelligents, et c'est le plus grand nombre, s'appliquent à la culture de la vigne, de laquelle ils retirent d'excellents produits. Un grand nombre d'entre eux ont enfin compris que pour les vins du Midi et du département de l'Hérault en particulier fussent plus recherchés, il fallait leur donner plus de couleur et les améliorer en les soignant un peu mieux qu'on ne l'a fait jusqu'à ce jour, pour leur donner plus de valeur. Au reste, les plantations nouvelles consistant en Carignan, Morestel et Alicante, ne peuvent que corroborer notre assertion.

Noms des Propriétaires les plus importants.

MM.

Pélissier, récolte 5,000 hectolitres vin rouge ; Guy, 1,000 ; Laurès, 1,000 ; Coulet, 800.

Commune de Nissan

(STATION DU CHEMIN DE FER DU MIDI),

Située à 10 kilomètres de Béziers, 4 de Colombiés et 5 de Lespignan.

—

Elle est avantageusement placée pour le transport de ses produits qui peuvent prendre rang parmi ceux de deuxième ordre, du département de l'Hérault. Les vins sont alcooliques et légers, bons pour la table.

Les principaux cépages sont le Carignan, l'Aramont, le Muscat, le Piquepoul et le Terret.

Principaux propriétaires.

MM.

Gaudion (campagne dit Garrigues), récolte en premier choix, 110 hectolitres Carignan ; 2,500 Aramont ; 400 Piquepoul, et 2,000 Terret, ensemble 6,000 hect. Costes Jacob, 500 Aramont, 1er choix ; 500 Aramont. 2me choix ; 100 Piquepoul, 2me choix ; 2,000 Terret, 1er et 2me choix ; ensemble 3,100 hect. Le Sage d'Auteroche (campagne Laverante), récolte en 1er choix, 700 Carignan ; 1,700 Aramont; 350 Muscat ; 700 Piquepoul ; 700 Terret, et 700 Terret 2me choix ; ensemble 4,220 hect. Bonestève Eugène, 1,000 Aramont 2me choix ; 100 Piquepoul 1er choix ; 1,700 Terret 2me choix. Baquies Hippolyte, en 1er choix, 600 Carignan ; 1,000 Aramont ; 50 Muscat ; 200 Terret et 200 Terret 2me choix. Donadieu Pierre, en 1er choix, 1,200 Carignan ; 200 Aramont; 100 Terret. Sahuc Emile, 700 Aramont, 2me choix ; 50 Muscat ; 700 Terret, 1er choix , et 700 Terret 2me choix. Dubonne François, en 1er choix , 650 Carignan ; 350 Aramont; 200 Piquepoul ; 400 Terret. Cros Louis, en 1er choix, 250 Carignan ; 700 Aramont ; 25 Muscat; 200 Terret, et 200 Terret 2me choix. Aubès Napoléon, en 1er choix, 400 Carignan, 100 Aramont; 400 Terret ; 100 Piquepoul 2me choix ; et 400 Terret 2me choix. Maury Bernard, 350 Carignan, 1er choix ; 700 Aramont, 2me choix ; 700 Terret, 1er choix, et 700 Terret 2me choix. Cabanes, notaire, en 1er choix, 350 Carignan ; 200 Aramont; 500 Terret, et 400 Terret 2mo choix. Baquier Polydore, 350 Carignan, 2me choix , 300 Aramont, 1er choix ; 200 2me choix ; 50 Muscat ; 50 Piquepoul, 1er choix ; 200 Terret, 1er choix ; 200 Terret, 2me choix. Baquier Gustave, 350 Aramont, 1er choix ; 100 Piquepoul, 1er choix ; 300 Terret, 1er choix; 300 Terret 2me choix. Baquier Jules, 350 Aramont, 1er choix ; 150 Piquepoul, 1er choix, 200 Terret, 1er choix ; et 200 Terret, 2me choix. Bria Cyprien, 350 Carignan, 1er choix ; 150 Aramont, 1er choix; et 150

2ᵐᵉ choix ; 200 Piquepoul, 1ᵉʳ choix ; 200 Terret, 1ᵉʳ choix ; et 200 Terret 2ᵐᵉ choix. Blanc Louis, en 1ᵉʳ choix 400 Aramont, 20 Muscat et 350 Terret. Bonestève Léon, 150 Carignan, 2ᵐᵉ ch. 150 Aramont, 1ᵉʳ choix ; 150 2ᵐᵉ ; 200 Terret, 1ᵉʳ choix , et 400 2ᵐᵉ choix. Bonestève Frédéric , 200 Aramont, 1ᵉʳ choix ; 200 2ᵐᵉ choix , 100 Piquepoul, 1ᵉʳ choix ; 100 2ᵐᵉ choix : 100 Terret, 1ᵉʳ choix, et 100 2ᵐᵉ choix. Chavardès Prosper, en 1ᵉʳ choix 350 Carignan ; 250 Aramont ; 200 Terret. Rusquié, 1ᵉʳ choix 300 Aramont ; 200 Piquepoul, 200 Terret , et 200 Terret 2ᵐᵉ choix. Les Sᵗ-Martin, en 1ᵉʳ choix, 700 Carignan ; 900 Aramont ; 50 Muscat ; 200 Piquepoul : 300 Terret. Gardes Edouard , en 1ᵉʳ choix, 250 Carignan ; 250 Aramont , 700 Piquepoul ; 500 Terret. Abbal André, en 1ᵉʳ choix, 500 Aramont ; 20 Muscat , et 200 Terret. Gardes Victor, 550 Aramont, 1ᵉʳ choix ; 550 Aramont, 2ᵐᵉ choix ; 300 Terret 1ᵉʳ choix.

On compte environ 60 propriétaires, qui récoltent en moyenne 350 hectolitres l'un.

Commune de Pézénas

—

Les vins de cette commune sont bons pour le commerce et pour la consommation directe.

Les principaux Propriétaires sont :

MM.

Aurias , 3,500 ; de Juvenel , 3,000 ; Dessalles , 5,000 ; de Vignamant , 2,000 ; Lépine , 1,500 ; Gaujou, 1,500 ; Gaujal, 1,500 , Ponsenaille, 1,500.

Vaissade père et fils, 100 hect. Piquepoul, a obtenu une médaille de bronze à l'exposition de. Pézenas en 1863.

Commune de Polhes

A 13 kilomètres de Béziers et 3 de Capestang,.

—

Les vignobles de cette commune sont sur des côteaux qu'on appelle vulgairement dans le pays Garrigues.

Les principaux propriétaires sont :

MM.

Mailhac , maire, qui récolte 4,200 hect. vin

rouge ; Fonvieilles, 4,200 ; Bousquet, propriétaire , 4,200 ; Blanc , 4,200 ; Couderc, 2,800 ; Martin , 2,800 ; Fonvieille Jean, 2,800 ; Crubezi Pascal, 2,100.

La gare de Nissan, de laquelle elle est peu éloignée, et le canal du Midi sur lequel elle se trouve, lui facilitent on ne peut mieux les moyens de transport.

Commune de Portiragnes

A 11 kilomètres de Béziers, 4 de Villeneuve et 2 de Cers.

—

Les vins de cette localité ont une réputation justement acquise ; les vignobles sont situés sur une belle position à laquelle on doit, à juste titre, attribuer la bonne et belle production. D'ailleurs, le placement avantageux des produits de cette commune sont une preuve certaine de l'excellente qualité qu'on leur attribue. Les vins ont une couleur assez foncée, chargés d'alcool, pour que le commerce les recherche activement.

Noms des Propriétaires.

MM.

Mantenon , récolte 3,500 hect. vin rouge; Belpel, 3,500 ; Roubière , 2,100; Cabanon frères, maire, 2,100 ; Cabanon Alcide , 1,400 ; Madame Bousquet , 1,400; Mandeville, 700.

Commune de Puimisson

Située à 12 kilomètres de Béziers.

Puimisson , par sa situation, les qualités de ses cépages et leur exposi ion , fournit deux qualités de vins bien distinctes , savoir : les vins dont le commerce se sert pour les coupages et les vins de table ; ces derniers, quoique assez légers de couleur , sont généralement brillants et possédent un bon bouquet. Les vins de cette commune se conservent assez bien , le commerce peut donc les rechercher.

Noms des principaux Propriétaires.

MM.

Fabrégat , de Bédarrieux, récolte 5,500 hect. vin rouge ; Gouibeng, 2,100 ; Théveneau, 2,100; Guibert, 1,750 ; Thomas , 1,750 ; Prunet fils , 1,050 ; Ollié, maire, 700 ; Chauliac , 700 ; Giniei , 560 ; Fraissinet , 420.

Mme Fontenay , propriétaire de la belle campagne de La Floride, récolte 2,800 hectolitres vin rouge.

Commune de Puisserguier

—

La commune de Puisserguier, située à 16 kilomètres de Béziers et à 20 kilomètres de Narbonne, contiguë à l'Est , au Nord et à l'Ouest , au territoire des communes de Cazouls, Casedarnes , Cébazan , Creissan et Quarante , et au Sud , au territoire des communes de Maureilhan et de Capestang, a été, de tout temps, renommée pour la belle couleur , la bonne conservation , le corps , l'arôme et le bouquet de ses vins. Ces dernières qualités se développent de plus en plus à mesure que le vin vieillit en voyage ; aussi, il est impossible au plus fier gourmet et au meilleur connaisseur qui déguste un vin de ce crû ayant plus de cinq ans, de dire si c'est du Puisserguier ou du Roussillon. Malheureusement, les propriétaires n'en gardent, chaque année, tout juste que ce qu'il leur faut pour leur provision, ou pour celle de quelques gourmets ou amis privilégiés, forcés qu'ils sont de vider leurs celliers avant chaque récolte, pour faire place à la récolte nouvelle.

Puisserguier possédait autrefois des vins rouges et des vins blancs (Carignan, Mourastel, Alicante, Blanquette, Piquepoul) et se livrait aussi à la culture des céréales et des oliviers. Aujourd'hui, les propriétaires ont trouvé plus avantageux de n'avoir que des vins rouges, parce que ces vins ont des qualités qui les font rechercher par le commerce. Nous avons pu constater, en parcourant le territoire de cette commune, que le Carignan, l'Alicante, le Mourastel et l'Aramont, sont à peu près les seuls cépages que l'on trouve dans ce pays dont les garrigues composent environ les 4/5 du territoire (on appelle garrigues, des terrains secs, maigres et rocailleux, formés surtout de grès rouge, occupant des collines ou des plateaux plus ou moins élevés, coupés çà et là par d'énormes blocs de roches volcaniques). Ces terrains, incultes il y a peu d'années encore, ont été peu à peu défrichés, et sont aujourd'hui presque tous complantés en Carignan, Mourastel et Alicante, cépages qui ne produisent pas , il est vrai, la quantité, mais qui donnent les qualités supérieures.

Ces garrigues sont presqu'exclusivement la propriété des paysans qui ont peu à peu défriché ces terrains autrefois incultes et abandonnés. Voilà pourquoi le vin des paysans est généralement le plus alcoolique, le plus foncé, faisant deux et trois couleurs.

Il est pourtant quelques propriétaires dont les caves peuvent rivaliser avec le vin des paysans , parce que , comme ces derniers , ils ont leurs vignes dans la garrigue. Nous citerons MM. Fayet Py, négociant, et surtout le docteur Cadilhac dont le vignoble situé sur les côteaux renommés de Saint-Christophe , entre Puisserguier, Casedarnes et Cébazan , fournit des vins rouges dont nous avons pu apprécier le bouquet , la riche couleur , le brillant , la vinosité. Aussi , n'avons-nous pas été étonné d'apprendre que M. Cadilhac, qui sait appliquer avec tant de succès, à la viticulture, ses connaissances spéciales et les courts et rares loisirs que lui laissent ses occupations de médecin, n'avons-nous pas été étonné, disons-nous, d'apprendre que le docteur vendait souvent sa cave à des négociants de Narbonne.

Nous avons vu les défrichements importants et les nouvelles plantations que le docteur n'a pas craint d'entreprendre dans des terrains jusque-là regardés comme arides et impropres à toute culture ; mais où avec des soins bien entendus , il espère voir s'étaler au soleil une belle végétation, et nous pouvons lui prédire qu'avec les qualités nouvelles qu'il en retirera, la réputation déjà si bien méritée de sa cave ne fera que grandir.

Enfin, pour donner une idée de l'importance et de la bonne conservation des vins de Puisserguier dont la production s'élève à environ **125,000** hectolitres par an, nous ajouterons qu'il y a dans ce village deux fabriques de 3/6 du marc et une seule de 3/6 de vin, et qui, d'après des renseignements puisés, soit auprès du seul fabricant de 3/6 de vin, soit au bureau des contributions indirectes, Puisserguier a fourni, pendant les dix premières années, trois cents hectolitres environ de 3/6 de vin par an. Voilà des chiffres honorables et qui prouvent éloquemment et surabondamment combien les vins de ce pays sont d'une conservation irréprochable, et combien est petite la quantité de ceux que l'on envoie à la distillerie.

Puisserguier peut donc prendre rang parmi les localités produisant comme lui du vin de transport par excellence.

Noms des principaux Propriétaires.

MM.

Bessière, récolte 7,000 hect. vin rouge; Bonnet, 2,500; Bonestève, 2,500; Coste, 2,200; Chuchet, 2,200; Cadilhac, récolte 2,000 hect. vin rouge (transport); 100 Grenache, 25 muscat; 30 Alicante muté au soufre ou au 3/6, et donnant de 15 à 16 degrés de liqueur; Py Auguste, récolte 1,400 vin rouge; Fayet, 3,000 vin rouge (campagne de Milhau); Anjoulet Denis, 800;

Abraham, 1,760 ; Lavigne Télesfaure, 600 ; Cau Jean, fabricant 700 ; Sipière Benoît, 1,800 ; Guilhaumon aîné, 400 ; Coquille Louis, 560 ; Fabrier Jean, 400 ; Maurice Gasc, 400 ; Cabannes Maxime, 550 ; Appal Théodore, 550 ; Gasc Jacques (maire), 490 ; Besombes Henri, 350 ; Chappert père, 350 ; Cayrol Louis, 300 ; Coquille Antoine, 350 ; Fabrier Sosthène, 350 ; Decot Francois, 400 ; Cayrol Louis, 300 ; Castel Etienne, 200 ; Lautié Alexis, 150 ; Roux César, 150 ; Montagné Auguste, 60 ; Fabregat Amédée, 2,100.

M. BESOMBES Henri, propriétaire et commissionnaire à Puisserguier,

Voulant surtout éviter, que MM. les négociants, entre les mains desquels notre ouvrage pourra se trouver, nous adressent des reproches sur le choix que nous avons fait de MM. les commissionnaires, nous nous sommes assuré, avant de faire figurer leur nom dans notre ouvrage, non-seulement de leur moralité, mais encore de la confiance dont ils jouissent dans le pays.

Nous désignons donc à Puisserguier le sieur Besombes, comme homme probe et intelligent, auquel MM. les Négociants du Nord et du Midi peuvent s'adresser avec la plus entière confiance.

Commune de Quarante

Située à 24 kilomètres de Béziers, 20 de Narbonne, 8 de Puisserguier et de Capestang. La superficie totale du sol est de 2,978 hectares dont 2,150 sont consacrés à la vigne produisant en moyenne 86,000 hectolitres.

——

On voit par ce qui précède, que le vin est la principale production de cette localité où l'on cultive encore, mais en petite quantité, le blé et l'avoine; quelques terres exceptionnelles, profondes et un peu fraîches, sont consacrées aux fourrages; ces cultures qui autrefois, avec le seigle, se partageaient la presque totalité des terres labourables, tendent à disparaître et sont remplacées par la vigne.

Cette culture a pris surtout un grand développement, depuis que l'oïdium s'est implanté dans les vignobles et que le soufre est venu paralyser d'une manière complète les effets destructeurs du redoutable fléau.

Pendant ces années de désastreuse mémoire, tandis que les atteintes du fléau portaient la désolation et la ruine dans toutes les régions, la commune de Quarante, au contraire, s'enrichissait et plantait des vignes ; le sol est de différentes natures, très-accidenté. La vigne se développe avec une grande vigueur dans les terrains argilo-siliceux des plaines étroites et encaissées qui produisent un bon vin d'un rouge brillant, de bonne garde, mais qui ne peut pas cependant prendre rang parmi ceux de premier ordre. C'est dans ces terrains qu'on a fait ces dernières années quelques plantations d'Aramont, cépage connue aussi dans l'Hérault sous le nom de *plan riche* à cause de sa prodigieuse fécondité.

Les vignobles qui s'ouvrent les collines, les côteaux peu élevés, les versants des montagnes et les plateaux fournissent des vins très-estimés et très-recherchés par les négociants de Béziers, Narbonne, Cette, Bordeaux, etc. Cette partie du territoire a été complantée en Carignan, en plant dur, plant d'Espagne, cépages réunissant la qualité à l'abondance.

Le terroir de la commune de Quarante est d'autant plus propice à la culture de la vigne, qu'il est mêlé de cailloux, de gravier, de pierrailles ; ces agents rendent le sol plus perméable à l'air, à l'eau, l'exposent d'une manière plus directe et plus efficace à l'action vivifiante des rayons du soleil, donnent une plus grande fertilité au sol et plus de qualité aux produits. On aurait donc tort, d'après certains auteurs et praticiens, d'épierrer les vignes ; on devrait se contenter seulement de débarrasser le sol des pierres assez grosses pour gêner la culture.

M. le comte Odart dit, dans son Manuel du Vigneron, qu'il serait quelquefois avantageux d'apporter des pierrailles dans les vignes et il ajoute : « J'ai employé ce procédé pour quelques ares de vignes qui avaient été dépouillés de pierres à mon insu. J'avais été déterminé à cette mesure par l'exemple d'un de mes voisins qui passa quatre ou cinq ans sans presque rien recueillir dans une vigne qu'il avait fait épierrer avec soin, et qu'il ne s'aperçut d'un retour du produit que lorsque les nombreux béchages eurent ramené une certaine quantité de pierres à la superficie du sol. Nous livrons ce qui précède à la méditation réfléchie des vignerons partisans trop absolus de l'épierrement complet. Il ne faudrait pas non plus qu'on s'avise de tomber dans le travers de l'abbé Rozier qui avait pavé une de ses vignes; il est probable que ce système de culture ne dût pas donner de résultats satisfaisants, puisqu'il borna là son expérience, et se décida à la dépaver quelques années plus tard. »

Les vins de la commune de Quarante sont très-alcooliques et très-colorés, et qui, sous ce double rapport, conviennent admirablement bien pour remonter les vins peu alcooliques et peu colorés du centre de la France.

En parcourant le terroir de cette commune, nous avons pu admirer un travail de défrichement entrepris et mené à bien par les paysans de Quarante. Ces petits propriétaires actifs et entreprenants, ont peu à peu, pour occuper leurs loisirs après leur journée et pendant les temps pluvieux d'hiver, défriché un grand territoire de la nature la plus ingrate; une source inépuisable de richesses et de bien-être a jailli de ces montagnes naguère sans valeur et qui produisent maintenant un vin de premier ordre pouvant rivaliser avec ceux des premiers crûs de l'Hérault ; ils ont toutes les qualités nécessaires pour cela : la couleur, le spiritueux, le brillant, la vinosité, le bouquet, le corps , gagnent beaucoup par le transport, sont excellents comme vin de table après deux ou trois ans de futailles, et deviennent en vieillissant de vrai Roussillon. Aussi, les négociants qui connaissent le terroir, n'ont garde de les dédaigner. Ce que nous venons de dire s'applique aux vins produits par tous les terrains identiques ; tous les vins de Quarante, à part quelques rares exceptions, peuvent passer à la consommation. Aussi, croyons-nous fermement que si plus tard on juge utile d'opérer une classification des vins de l'Hérault, Quarante devra prendre rang parmi les premiers crûs du département.

Les domaines de cette localité étant nombreux , nous en avons fait le classement ci-dessous, en désignant les noms de MM. les propriétaires auxquels ils appartiennent, savoir : Le domaine de Rouayre à M. Andoque Alexandre, les Pradels , à madame veuve Andoque ; de Malviès, à madame veuve d'Abe ; de la Plaine à M. Odon Gazel, avoué à Saint-Pons ; de Salhiez, à M. Vincent Alphonse, receveur particulier des finances, à Narbonne ; de Caratié, à Mouret Gérasime ; de Scmèges, à M. Cadilhac Léon ; de Font-Couverte, à M. Andoque Emile ; de la Grange-Basse, à M. Carles Alexandre ; de Saint-Martin à madame veuve Amat ; de la Grange-Haute, à M. Mouret Joseph ; hameau des Fargousières, à MM. Calmettes Martial et Pe-

tit Michel ; de Fontanche, à M. Cabanes, et enfin ,
le domaine de Lasparets, à M. Frédéric Laforgue..
Ce propriétaire mérite une mention toute spéciale. Cet intelligent viticulteur récolte plusieurs qualités de vin très-recherché , d'un grand mérite, qu'il vend toujous en totalité au commerce. Il a su, par une longue pratique et une grande expérience, se familiariser avec tous les secrets de la viticulture ; aussi, donne-t-il à ces produits toutes les perfections dont ils sont susceptibles.

Nous n'avons pas été surpris d'apprendre que M. Laforgue avait obtenu plusieurs prix au concours régional de Montpellier. Ses vignobles produisent en moyenne 4,200 hactolitres, vin de commerce utilisé avec avantage pour les coupages (ont obtenu médaille de bronze), 350 hectolitres vin muscat ; 50 hect. vin d'Alicante, 50 hect. Piquepoul (ont obtenu 1er prix, médaille d'argent) ; 80 hect. vinaigre (a obtenu : prix unique, mention honorable).

Pendant notre séjour dans la commune de Quarante, nous avous visité les riches vignobles de cet important et honorable propriétaire qui s'est immortalisé en détruisant par le soufre l'oïdium, dès son apparition, dans la commune de Quarante, au mois de juin 1852. Noublions pas de dire qu'une médaille d'or a été décernée à M. Laforgue, par le gouvernement français pour ses recherches, ses travaux sur le soufrage.

L'Académie Nationale agricole et industrielle de Paris lui a décerné aussi une médaille d'honneur pour le même objet.

Noms des Propriétaires.

MM.

Andoque Alexandre, récolte 7,000 hectolitres vin rouge ; veuve Andoque, 5,500 ; Laforgue Frédéric, 4,200 vin rouge ; 350 muscat, 50 Alicante, et 50 Piquepoul.

Laforgue Victor, récolte 1,400 hect. vin rouge ; veuve d'Abe, 1,400 ; Gazel Odon, 1,050 ; Viannet Alphonse, 4,200 ; Mouret Gérasime, 2,800 ; Cadilhac Léon, 1,500 ; Andoque Emile, 1,400 ; Petit Pierre, 1,050 ; Mouret Louis, 1,050 ; Mouret Joseph, 1,400 ; Redon Joseph fils, 840 ; Carle Pascal, 800 ; Babeau André, 700 ; Espitaillier Martin, 840 ; Carle Alexandre, 700 ; Albert (veuve) Amat, 700 ; Blaye Joseph, adjoint au maire, 600 ; Blaye Numa, 560 ; Caumel Joseph, 560 ; Pupille Jean fils, 560 ; Rech Etienne, 420 ; Amat fils, 420 ; Cabanes Louis dit Gatas, 420 ; Calmettes Martial, 420 ; Petit Michel, 350 ; Fontes Guilhaume, 350 ; Jeanjean Jean, 350 ; Pradal Louis, 350 ; Redon Joseph cadet, 350 ; Redon Auguste, 350 ; Cassenac François, 315 ; Caman Joseph, 420 ; Calvet Jacques, 280 ; Combes Jean, fils aîné, 280 ; Jeanjean François, 280. Vidal 800.

Commune de Saint-Chinian

A 25 kilomètres de Saint-Pons.

—

Ce que nous avons dit pour la commune de Cruzy, page 95, s'applique également à celles de St-Chinian et de Villespassant, deux localités limithrophes de la première ; elles possèdent les mêmes terrains et les mêmes qualités de vins que Cruzy.

C'est à St-Chinian que la vigne s'arrête et que les montagnes des Cévennes commencent.

Noms des principaux Propriétaires.

MM.

Flottes Alphonse, de Pouzols, récolte 1,380 hect. vin rouge, dont 80 transport bonne qualité ; Fourcade Casimir, 170 ; Coural, Renaud, 210 ; Anselme Auguste, 180 ; veuve Bousquet Léon, 180 ; Viala Victor, 150 ; Falcon Sébastien, 150 ; Mas Jean, 150 ; Galinié Augustin, de St-Pierre, 150 ; Bonneville Alphonse, 120 ; Négret aîné, 120 ; Bousquet Mesmin, 120 ; Gaubert Edouard, 120 ; Sobe (veuve) Alexis, 108 ; Gély Jacques fils, 108 ; Peyronnet Marcelle (à Bagatelle), 300 ; Calas Pierre (à Brabat) 120 ; Rouanet Louis (à Babeau), 150 ; Salvagniac, 90 ; Salvagniac-Martel, 84 ; Salvagniac Charles, 60 ; Garriguenc Jean (à Bouldoux), 84 ; Pagès Jean, 108 ; Robert Jacques, 84 ; Salvagniac (veuve), 96 ; Decor Basile, 84 ; Robert André, 84 ; Robert Basile, 60 ; Phalippon Jean, 72 ; Robert Gabriel, 60.

Cette commune compte, en outre, un certain nombre de propriétaires récoltant au-dessous de 60 et jusqu'à 40 hect.

Commune de Saint-Georges-d'Orques

A 8 kilomètres de Montpellier.

—

Noms des principaux Propriétaires.

MM.

Courty Hippolyte, maire, récolte 1,500 hect. vin rouge de table, le meilleur du pays, spécialité de vins en sixains, expédition pour la clientèle bourgeoise.

Chauvin père, récolte 1,500 hect. vin rouge, crû du château de Saint George ; 50 vin blanc muscat, seul récoltant cette qualité ; ses caves contiennent des vins de 2 à 7 ans.

Vidal Léon, négociant, maison fondée depuis vingt ans. MM. les négociants peuvent s'adresser à lui pour la négociation et l'expédition des vins des meilleurs crûs de Saint-George.

Baudes Jules, propriétaire et commissionnaire, récolte 600 hect. vin rouge 1re qualité. Il en récoltera dans deux ans 300 de plus ; il possède des vins vieux.

Delgrès André, propriétaire et commissionnaire, récolte 320 hect. vin rouge 1re qualité de St-George.

Bompard Antoine, récolte 420 hect. vin rouge, dont 245 de 1re qualité, et 175 de 2me.

Cambon Jean, propriétaire et négociant, récolte 600 hect. vin rouge 1re qualité, bon crù, possède des vins vieux.

Bompard, commissionnaire, se recommande à MM. les Négociants pour l'achat de toutes sortes de vins, notamment de ceux de Saint-George, dont il connaît les meilleurs.

Daussargues cadet, récolte 1,200 hect. vin rouge 1re qualité ; ses caves contiennent : vins vieux fins, Alicante et blanc du crû de Saint-Georges.

Ricome, propriétaire, récolte 450 hect. vin rouge, dont 300 hect. de 1re qualité et 150 de 2me.

Saint-Pierre Daniel, négociant et propriétaire, récolte 450 hect. vin rouge 1re qualité.

Commune de Saint-Martin-de-Londres

—

Noms des Propriétaires.

MM.

Duffour de la Vernède récolte 100 hect.; Vigié, Lavocat, 100 ; Vigié Mathilde, 152 ; Puech, 90 ; Allouet, 60 ; Bancal, 70 ; Beaux, 70 ; Roubiau-Hippolyte, 60; Beudran, 60 ; Prunet Edouard et frères, 90 ; Olivier Etienne, 54 ; Dubreuil, 60.

Commune de Sauvian

A 9 hilomètres de Béziers.

—

Cette localité, dont la popoulation, d'après le dernier recensement, peut être évaluée à 600 habitants environ, possède quelques campagnes importantes dont la production en quantité et qualité est digne de remarque.

Depuis quelques années seulement, **MM.** les propriétaires s'occupent intelligemment de viticulture et retirent de leurs vignobles tout ce qu'ils sont en droit d'en attendre, c'est-à-dire quantité et qualité.

On peut donc citer aujourd'hui, comme produisant du vin rouge de bonne qualité, les campagnes de la Domergue appartenant à **M.** Salvan, d'Espagnac, à **M.** Coste.

Le vin provenant de la propriété de **M.** Coste, le crû d'Epagnac a toujours été un des plus recherchés. Le Jou à **M.** Fourès, avocat à Béziers, crû excessivement important dont la bonne qualité du produit doit être attribuée à la belle exposition et à l'intelligence que son propriétaire apportent à l'amélioration de sa récolte; et enfin, la campagne de la Condamine, appartement à **M.** Coronne.

Quoique nous ayons mentionné plus haut les propriétés produisant du vin, en quelque sorte de très-bonne qualité, nous pourrions être taxés de négligence, si à la suite de cette nomenclature, nous n'indiquions comme nous l'avons fait pour les autres communes, les noms des propriétaires les plus importants, à **MM.** les négociants auxquels nous destinons notre travail.

Noms des Propriétaires.

MM.

Salvan, récolte 7,000 hect. vin rouge très-bonne qualité; Coste, 4,900 vin rouge et blanc; Cassagnes Charles, 2,100; d'Estanière, maire,

700 ; de Chauliac, 1,400 ; Fourès, avocat, 2,100 ;
Coronne à Béziers, 7,000 ; Calvet, ancien maire,
1,050 vin rouge bonne qualité ; Sabatier, 1,050 ;
Délas, 910 ; Richard Victor, 700 ; Bousquet,
700 ; Ridal, 560 ; Marc, 560 ; Richard, 420 ;
Vidai, 420 ; Vidal dit Corméat, 550.

Commune de Sérignan

Sérignan, situé à 10 kilomètres de Béziers, a
une population de 2,500 habitants environ. En
parcourant son terroir dont la plus grande partie
est exposée au Midi, nous avons remarqué, que
comme partout ailleurs, MM. les propriétaires
avaient fait de sensibles progrès relativement à la
culture de leurs vignobles ; quelques-uns ont cependant compris que si les terrains où les vignes
sont plantées produisaient des vins de bonne qualité, on ne pouvait les améliorer ou pour mieux
dire les rendre meilleurs, qu'avec les soins et
l'intelligence que nécessitent tous nos vins en général.

Parmi les crûs qui nous ont été désignés comme
étant les plus importants, et produisant en quelque sorte des viss rouges ne laissant rien à dési-

rer, nous citerons la campagne de Querelle, appartenant à M. Cabanon. Cette belle propriété est une des mieux exposées, sur le penchant d'une colline dominant la mer à 3 kilomètres de laquelle elle se trouve. C'est à cette exposition qu'il faut attribuer la production d'une certaine quantité de vins Alicante bonne qualité. Nous citerons en outre les campagnes de la Vistoule et de Clapiès, la première, appartenant à M. Janson, à Béziers, et la deuxième à M. Barthez, propriétaire à Montfort ; ces deux belles propriétés produisent d'excellents vins rouges. Les vins de Sérignan sont bons pour la table et pour le commerce.

Noms des principaux propriétaires.

MM.

Pourquier, maire, récolte 1,400 hect. de vin rouge ; Gauthier, adjoint, 5,200 ; Gasc, 3,500 ; Janson, 2,100 ; Barthez, 2,100 ; Duval Bourrié, 700 ; Tindel, 2,500 ; Labadie frères, 4,200 ; Ruffié, 2,100 : Valessy, 3,000 ; Ray, 1,400 ; Lamothe Benoît, 1,050 ; Crouzat frères, 1,050 ; Espinadel Honoré, récolte 700 bonne qualité ; Cabanon, 700 vin rouge, qualité supérieure et 84 Alicante ; Muratel, 420 vin rouge ; Fournier, instituteur, 350.

Cette commune compte un très-grand nombre de propriétaires dont le produit de leur récolte varie de 30 à 50 muids ou 210 et 350 hect.

Commune de Servian

A 12 kilomètres de Béziers et 5 de Bassan.

—

Servian se trouve situé à quatre kilomètres de la station du chemin de fer de la commune d'Espondeilhan. Son terroir généralement bien exposé produit une grande quantité de vin pour le commerce ; les vignobles en très-grande partie sont plantés dans la plaine, car il y a peu de côteaux sur un terrain ferrugineux et calcaire. Il y a néanmoins quelques campagnes qui produisent du bon vin pour la table ; mais en général, et comme nous l'avons dit plus haut, les vins de cette commune sont destinés au commerce.

Les nouvelles plantations qui s'exécutent depuis quelque temps dans des conditions avantageuses, permettront bientôt, nous n'en doutons pas, aux propriétaires, de livrer à la consommation un vin de table qui sera très-recherché. D'ailleurs, comment pourrait-il en être autrement, lorsque l'Aramont, le Carignan et l'Alicante, sont les trois cépages privilégiés ?

Noms des principaux Propriétaires.

MM.

MAZEL, campagne de Laroque, récolte 7,000

hect.; c'est là où l'Empereur Napoléon III s'arrêta en 1852, lorsqu'il n'était encore que Président de la République.

Veuve Bousquet, récolte 4,000 hect. vin rouge; de Barès Henri (campagne Amilhac), 4,200 vin rouge ; Isnard (campagne de La Baume). Le vin de ce propriétaire, dont la récolte s'élève en moyenne à 2,800 vin rouge et 20 muscat, sont excellents pour la table ; ils jouissent d'ailleurs d'une réputation justement méritée ; Falgas Ferdinand (campagne Mas-Cayrol), récolte 2,800 vin rouge ; Giret (campagne Laviolesse et de la Grangette), récolte 2,800 vin rouge ; Laplace Emile (campagne Lagrasset et l'autre partie mas Amilhon), récolte 2,100 vin rouge; Peitavy Louis, adjoint au maire, récolte 1,400 ; madame veuve Banc, 1,400 ; de Rascas (château), 1,400 ; de Barès (campagne du mas Coussat), 1,400 ; la famille Bournhonet (campagne la Marseille-Haute et Basse), 1,400 ; Amilhon Alexandre (campagne mas Amilhon), 1,050.

Commune de Thézan

Située à 8 kilomètres de Béziers, 3 de Murviel et 4 de Lignan.

—

Si un très-grand nombre de communes du département s'occupent de nouvelles plantations de vignes, nous pouvons, sans crainte d'être contre-dit, citer la commune de Thézan comme une des principales, et nous pouvons même ajouter que dans un temps peu éloigné, les quelques champs qui existent encore seront transformés en vigno-bles.

Les cépages de cette localité consistent en Ter-ret-Bourret, Piquepoul, Alicante, Morestel et Aramont; cette commune produit des vins rouges, assez alcooliques et propres à la consommation. Toutes les nouvelles plantations qui s'effectuent sont faites avec le dernier de ces cépages qui se généralise d'une manière surprenante dans le dé-partement de l'Hérault.

Noms des principaux Propriétaires :

MM.

Armand Pierre dit Major, récolte 5,600 hect. vin rouge ; Ferret, 2,800 ; Domairon, 2,800 ; Fourès, 2,800 ; Pélissier, campagne d'Espiran, 2,800 ; Arnaud Alexandre, 2,100, récoltera dans deux ans 4,000 ; Ferret, 1,750 ; Maury, 1,400; mademoiselle Flourens, 1,400 ; Arnaud Achille, 700 ; Palaud, 700 ; Malaret, 700 ; Arnaud Jo-seph, 1,400 ; Cavaille, 560.

Commune de Vendres

A 10 kilomètres de Béziers.

—

Les produits viticoles de cette commune, sont de bonne et belle qualité ; bien que peu populeuse, elle possède néanmoins quelques campagnes qui, par leur importance, la classent proportionnellement à l'étendue de son territoire, parmi les communes les plus productives de l'arrondissement de Béziers.

On compte dans cette localité près de deux cents propriétaires environ, récoltant en moyenne tous les ans, de 350 à 420 hectolitres de vin rouge assez alcoolique bon pour le commerce.

Noms des Propriétaires les plus importants.

MM.

Miquel aîné, récolte 8,400 hectolitres vin rouge et blanc ; Coste, 3,150 ; Harmain, 3,050 ; Bernard, 1,400 ; veuve Vital, 1,050 ; Harmain dit le Gaillard, 700 ; veuve Gairaud, 4,050 ; veuve Cavailhé, 700 ; veuve Lamothe, 700 ; Juliède oncle, 560.

La commune de Vendres possède les campagnes suivantes :

La campagne de La Guiolle, appartenant à M. Miquel aîné, propriétaire, demeurant à Béziers, produit en moyenne 8,400 hectolitres de vin rouge et blanc. A cause de son importance, et après l'avoir parcourue, nous n'avons pas voulu la passer sous silence, car sa position et les bons produits qu'elle offre au commerce la distinguent d'une manière toute particulière.

Le terroir de cette propriété complanté de Carignan, Aramont, Morestel, Terret-Bourret, etc., offre à la consommation des vins d'une beauté et d'une bonté qui ne le cèdent en rien à ceux des meilleurs crûs. On peut se faire généralement une idée des bons produits de ce remarquable vignoble, si l'on considère surtout que le soleil en se levant frappe presqu'aussitôt les souches et ne les quitte que lorsqu'il disparaît à l'horizon.

C'est un juste hommage à rendre à cet intelligent propriétaire, que de signaler sa propriété qui en temps ordinaire peut être vendangée quinze jours avant les autres, à cause de l'heureuse position dans laquelle elle se trouve placée.

Les vins produits par les cépages de ce vignoble peuvent être classés hors ligne ; ils ont d'ailleurs été constamment reconnus comme très-alcooliques, et conséquemment, d'une supériorité marquée sur bien des produits de cette nature.

Les caves de M. Miquel aîné contiennent presque toujours un bel assortiment de ce vin remarquable.

La campagne de l'Hôpital, appartenant à l'hospice de Béziers, et de laquelle MM. Coste et Gairaud sont les fermiers, produit en moyenne 3,150 hectolitres vin rouge.

La campagne de La Grange-Basse, à M. Angles, produit 2,450 hect. vin rouge.

La campagne de Castelnau, à M. Durand Palerme, 2,450 hect. vin rouge.

La campagne Capdeville, à M. de Massiac à Béziers, 2,450 hect. vin rouge.

La campagne de Savoye à M. Vincentis, 2,450 hect. vin rouge.

Commune de Vias

Située à 16 kilomètres de Béziers et à 5 k. du Pont d'Agde.

Cette localité, dont la population s'élève à environ 1,854 habitants, produit des vins rouges d'assez bonne qualité et des Piquepouls que nous signalons, non-seulement aux vrais connaisseurs, mais encore aux gourmets, dont l'appréciation franche et loyale ne saurait laisser aucun doute dans l'esprit des personnes qui les dégusteraient.

Dans notre impartialité, et surtout sans crainte d'être contredit, nous disons hardiment que, si les vins de cette nature que les villages de Pinet, Pomérols et Marseillan produisent, se sont placés au premier rang des vins fins de nos contrées, ces vins, disons-nous, ont trouvé des rivaux en ceux que la commune de Vias produit.

Principaux propriétaires.

MM.

Daurel Camille, récolte 4,200 hectolitres vin rouge ; Daurel, juge à Béziers, 2,500 ; Coste-Floret, membre du Conseil général, 2,500 ; Bonniol Charles, 3,500 ; Chivaud, notaire, 2,500 ; Duvern Charles, 2,500 ; Caylet, maire, 200 ; Doumer, 200 ; Rescas Ferdinand, 200 ; Rescas Léopold, 200.

Commune de Vic

A 16 kilomètres de Montpellier.

—

Domaine d'Aresquiés, appartenant à M. Cazalis-Allut (Ch), président de la Société d'agriculture, lauréat de la prime d'honneur de l'Hérault au concours régional de 1860. — Ce domaine, situé à l'extrémité de la commune de Vic, est contigu à celle de Frontignan. On y récolte environ 7,000 hect. de vin rouge de première qualité et, en outre, 1,000 hect. de muscat. Tous les vins d'Aresquiés ont une réputation établie depuis longtemps. Ils proviennent d'un terrain extrêmement rocailleux et pierreux, qui en fait un sol tout particulier. Peut-être est-ce à cette circonstance qu'il faut attribuer la haute qualité qu'acquièrent tous les vins de ce crû en vieillissant; en effet, ils possèdent alors un bouquet aussi remarquable que beaucoup de vins à grande réputation. A toutes les expositions où ils ont été représentés, ils ont obtenu des premiers prix, notamment au concours régional de Grenoble, à l'exposition universelle de Paris (1855), à Angers, et au concours régional de l'Hérault.

Commune de Villeneuve-les-Béziers

Située à 8 kilomètres du chef-lieu d'arrondissement , à 2 de Cers et à 4 de Sérignan.

Les vins de Villeneuve, quoique ne pouvant pas être classés au premier rang , ne sont cependant point rejetés par le commerce , qui , depuis quelque temps, les livre avantageusement à la consommation , surtout les plants de Terret-Bourret, de nouveaux cépages parmi lesquels on remarque l'Aramont. A cause des nouvelles plantations qui se sont faites et se font dans presque toutes les communes de l'arrondissement de Béziers , en générai, les propriétaires peuvent livrer aujourd'hui des vins rouges d'une couleur plus foncée, ce que le commerce du Nord recherche généralement.

L'Aramont, le Morestel, l'Alicante et le Carignan sont les cépages qui constituent les vignobles de cette commune, dont nous donnons, comme pour toutes celles que nous avons parcourues, les noms de MM. les propriétaires.

Noms des Propriétaires.

MM.

De Bès, récolte 5,000 hect. vin rouge; Dardet, 2,800; Donnadieu, 2,800; Alengri, 2,100, Alengri Philippe, 1,400; Abauzit, 1,400; mesdemoiselles Urbain, 1,400; Cavalier, juge, 2,400; Pollie, notaire, 700; Belpel, 700; Martin dit Polonais, 700; Alengri dit Roque, 560; Martin dit Capella, 350; Bousquet, 350; Soulagne, maire, 350; Roque, 350; Camaret, 350; Lautié, 210; Alliès, 210.

Le sieur BÉDARD cadet, commissionnaire à Villeneuve-les-Béziers, jouit dans cette commune d'une confiance justement acquise; il connaît parfaitement les communes des environs avec les propriétaires desquelles il est souvent en relations. Aussi, se recommande-t-il à MM. les négociants du Midi et du Nord.

AVIS IMPORTANT.

Voici quelques conseils excellents adressés aux viticulteurs et aux vignerons par le *Moniteur Viticole* que nous croyons utile de reproduire dans l'intérêt des propriétaires de vignobles de nos régions méridionales.

Dans le cours de novembre, le viticulteur qui a souci de sa réputation de producteur, visitera chaque matin sa cave pendant la première quinzaine, et tous les deux ou trois jours pendant les quinze derniers jours. Son oreille et son odorat doivent être son guide dans ses visites de surveillance qu'on ne regrette jamais d'avoir fait trop minutieuses. Un fût qui chante est un fût qui travaille, observez-le ; un fût qui exhale un goût fortement acide, renferme un vin qui tourne à une fermentation vicieuse, soutirez-le, coupez-le ; ici, là, plus loin encore, de l'écume autour des bondes vous signale un mouvement tumultueux qui a dû causer de la déperdition : vîte, recourez à l'ouillage, remplissez votre futaille si vous ne voulez pas que votre vin soit perdu ou au moins dégénère.

Puis, si le temps se met au sec et au froid, ce sera le moment de pratiquer le collage et les soutirages. Un collage fait un peu hâtivement donne aux vins forts de la délicatesse et de la légèreté, en même temps qu'il les garantit contre des fermentations ultérieures, accidentelles ou autres, qui souvent leur nuisent.

DÉPARTEMENT

DES

PYRÉNÉES - ORIENTALES.

DÉPARTEMENT DES PYRÉNÉES-ORIENTALES.

Dans le département des Pyrénées-Orientales, la culture de la vigne est la principale industrie agricole du pays. La plaine se compose d'un sol argileux-sableux mêlé aux détritus des rochers de la montagne; le terrain d'alluvion se rencontre dans les vallées les plus encaissées et dans la plaine de Perpignan.

Si la récolte des céréales est souvent insuffisante dans ce département pour les besoins de la consommation locale, il n'en est pas moins vrai que la surabondance des vins compense largement ce produit.

Les vins du Roussillon jouissent d'une réputation justement acquise; d'ailleurs, ce sont ceux qui, par leurs qualités, se rapprochent le plus des vins d'Espagne.

Les meilleurs, les vins muscats blancs de Rivesaltes, sont les premiers vins de liqueur de la France et même de l'Europe. Les vins dits « de Grenache » ou des crûs de Banyuls-sur-mer, de Cosperon et de Collioure sont aussi d'excellents vins de liqueur. Les vins dits « Rancio » des crûs de Banyuls-sur-mer , Cosperon , Port-Vendres et Collioure, sont classés parmi les meilleurs vins rouges de France ; ils sont très-ehargés en couleur, secs, mais violents, et quelques uns d'entre eux sont employés avec les vins du département du Lot et de l'ancienne province d'Auvergne , à colorer ou à donner du corps à d'autres vins.

Le Macabeo et les crûs de l'Esparrou , de Salces , de Baïxas , de Baho , du Vernet et de Torremila , méritent aussi une mention de notre part.

Commune de Banyuls-sur-Mer

A 32 kilomètres de Perpignan.

—

Vins occupant le premier rang de ceux du Roussillon.

Principaux Propriétaires.

MM.

Rocaries frères, récolte 150 hectolitres vin rouge 1re qualité ; Forgas Pierre, 150 1re qualité ; veuve Bouzan, 150 1re qualité ; Roger, instituteur, 150 1re qualité; Benoit fils, 150 1re qualité; Baille-Py Sauveur, 100 1re qualité; Saguls Villarenc, 100 1re qualité; Garous Vincent, 100, 1re qualité; Garous Jean, 100 1re qualité; Garous Badou, 100 1re qualité; Bassères Jean, 100 1re qualité; Blanc Pierre, 100 1re qualité.

Commune de Canoës

Vins faisant jusqu'à 3 et même 4 couleurs.

Principaux Propriétaires.

MM.

Llobet et Amouroux, récoltent 500 hect. vin rouge 2me qualité; Gouy, 150 1re qualité; Faliu, 150 1re qualité; Gabarou, 100 2me qualité; Gouy frères, 100 1re qualité; Le maréchal Ferrant, 100 2me qualité.

Commune de Caze de Pène

A 15 kilomètres de Perpignan et 6 kilomètres de Rivesaltes.

—

Principaux Propriétaires.

MM.

Sichet Louis, récolte 1,000 hect. vin rouge 1re qualité ; Sichet Alexis, 1,000 1re qualité ; Malis frères, 1,000 1re qualité ; Bovis, 500 1re qualité ; Malis Gaudérique, 200 2me qualité ; Bouis, 100 2me qualité ; Garau, 100 2me qualité.

Commune de Collioure

A 26 kilomètres de Perpignan.

—

Sous le rapport de la qualité, le vin de cette localité est classé parmi le meilleur du Roussillon. Le Grenache étant le cépage dominant, les terrains étant complantés de vieilles souches généralement bien exposées au Midi, produisent des vins moëlleux faisant deux, trois et jusqu'à quatre couleurs.

Principaux propriétaires.

MM.

Bernardy, M^d d'étoffes, récolte 200 hectolitres vin rouge 1re qualité ; Ramonec père et fils, 150 1re qualité ; Compristo Jean, 150 1re qualité ; Deboé François, 100 1re qualité; Christine Joseph, 100 1re qualité ; Py André, 100 1re qualité ; Bergès, 100 1re qualité ; Olives Joseph, 100 1re qualité ; Nondedieu, 100 1re qualité ; Ascabayrou, 100 1re qualité; veuve Joseph Ramone, 100 1re qualité ; Cortade Joseph, 100 1re qualité.

Commune de Corneilla de la Rivière

A 12 kilomètres de Perpignan.

—

Ces vins sont classés parmi les meilleurs du Roussillon.

Principaux propriétaires.

MM.

Gassiot, aubergiste, récolte 150 hectolitres vin rouge 1re qualité ; Pagès (les dames), 150 2me qualité ; Amadine Joseph, 100 1re qualité ; Cabestany Jean, 100 1re qualité, veuve Comolades, 100 1re qualité ; Soubrequès, 150 2me qualité ; Parès François, 150 2me qualité ; veuve Castera, 100 1re qualité ; Alberty Jean, 100 1re qualité ; Dange, 100. 1re qualité.

Commune d'Espira de la Gly ,

A 11 kilomètres de Perpignan, et à 3 kilom. de Rivesaltes.

—

Principaux propriétaires.

MM.

Moliné, récolte 600 hectolitres vin rouge, 1re qualité ; Duverney, 1,500 1re qualité ; Delmas, 1,500 1re qualité ; Jobart, 300 1re qualité ; Banès, 200 2me qualité ; Bastouil Henri, 100, 1re qualité ; Costes père et fils,

500 2ᵐᵉ qualité ; Farines, 500 2ᵐᵉ qualité ; Garandeau, 100 2ᵐᵉ qualité ; Sichet Antoine, 500 1ʳᵉ qualité ; Rolland, 100 2ᵐᵉ qualité ; Chef d'atelier chez M. Carbonnel, 100 1ʳᵉ qualité.

Les vins de cette commune jouissent d'une réputation justement acquise, ils font jusqu'à 4 couleurs, ce qui est on ne peut plus essentiel pour le commerce.

Commune de Perpignan.

—

Principaux propriétaires.

MM.

Lafabrègue récolte 1,000 hectolitres vin rouge 1ʳᵉ qualité ; Mˡˡᵉ Manielli, 100 2ᵉ qualité ; Faudrier Laurent, 100 1ʳᵉ qualité ; Guarrigue, 150 1ʳᵉ qualité ; Reverdy, 150 2ᵉ qualité ; Garrigue Jean, 100 1ʳᵉ qualité ; Bises, 150 2ᵉ qualité ; Moulins père et fils, 150 1ʳᵉ qualité ; Amadis, 160 1ʳᵉ qualité ; Romieu, 1,500 dont 800 1ʳᵉ qualité ; et 700 2ᵉ qualité ; Ros Emmanuel, 150 1ʳᵉ qualité ; Fabre Emmanuel, 100 1ʳᵉ qualité ; Cruchandieu, 150 1ʳᵉ qualité ; Jouy-d'Arnaud, 150

1re qualité ; veuve Albart, 150 1re qualité ;
Propriétaire de la ferme Ecole, 500 2e qualité ; veuve Fraisse, 100 1re qualité ; Subra-
Terret, 100 1re qualité ; Calmettes Charles,
100 1re qualité ; Métairie Gafford, à 5 kilom.
de Perpignan, 1,500 2e qualité ; Métairie
Carcassonne, 1,500 2e qualité ; Métairie de
Lascores près Canoës, 1,000 2e qualité ; Sè-
bes, 2,000 2e qualité ; Estrade, (mélange)
2,500 bonne 2e qualité ; Cargalès frères,
Parral, maréchal-ferrant, 100 1re qualité ;
Maribeau, menuisier, 100 2e qualité ; Thou-
zet, 100 1re qualité ; Godini, 2,000 2e qualité.

Les transactions commerciales viticoles
étant on ne peut plus délicates, et puisque
pour nous il est un devoir, celui de faire
connaître nos vins depuis longtemps méconnus, il a fallu que nous fassions un
choix parmi les nombreux commissionnaires dont nous avons eu les noms sous les
yeux.

Nous désignerons donc à Perpignan, le
Sieur CAVAILLÉ Joseph, demeurant rue St-
Augustin (café du Midi), comme homme honorable, jouissant de la confiance que MM.
les négociants en vins accordent à ceux
dont la loyauté a toujours été le mobile.

Le Sieur CAVAILLÉ est l'intermédiaire de
M. FRAIXE, commissionnaire à Rivesaltes.

CAFÉ-RESTAURANT

DE

PARIS

Ancienne Maison Désarnaud

PLACE DE LA LOGE

PERPIGNAN

Bière de Lyon et de Strasbourg, Glaces et Sorbets, Absinthe Suisse, etc.

Ce bel établissement, qui jouit d'une réputation justement acquise, se recommande par la bonté de ses consommations. Nous rendons un juste hommage au sieur Serre fils, qui a su le classer au 1er rang des établissements de ce genre.

D'ailleurs, la clientèle choisie qui le fréquente est un sûr garant de la mention dont nous l'honorons.

Le recommander à MM. les Négociants, Commerçants et Etrangers qui arrivent à Perpignan, est un devoir que nous nous imposons, et c'est justice.

Le Restaurant est tenu par M. ALMES.

Avis aux Gourmets : La cuisine est bonne et très-variée.

PAPIER BALSAMIQUÉ

POUR CIGARETTE

ROUFFIAC FRÈRES

PERPIGNAN

Fabricants Brévetés et Fournisseurs de sa Majesté l'Empereur.

La bonté et les excellentes qualités de ce papier ont valu à ces messieurs cette haute distinction.

Commune de Peyrestortes,

A 8 kilomètres de Perpignan et 2 de Rivesaltes.

—

Vins fesant jusqu'à 4 couleurs.

Principaux propriétaires.

MM.

Mariano, récolte 1,000 hectolitres vin rouge 2ᵉ qualité ; Raynal Victor, 600 2ᵉ qualité ; Vassals, maire, 500 2ᵉ qualité ; Daudar frères, 500 2ᵉ qualité ; Testory, 400 1ʳᵉ qualité ; Ey, 400 1ʳᵉ qualité ; Azaïs 250 1ʳᵉ qualité ; Bousquet, 300 1ʳᵉ qualité ; Labroue, 150 1ʳᵉ qualité ; Maury frères, 200 1ʳᵉ qualité ; Fons, 300 1ʳᵉ qualité.

M. Albert Lavigne, commissionnaire en vins du Roussillon, traitant directement des caves des propriétaires en gare, possédant la confiance des propriétaires, méritée par la réputation de loyauté et de probité que sa famille s'est acquise dans le département, donne l'écoulement aux meilleurs produits du pays, pour le compte des propriétaires viticoles, Muscat, Grenache, Macabeu, etc.

Maison de commission — fabrique de Liqueurs, et entrepôt de 5|6 à Rivesaltes.

8

Commune de Pia,

A 15 kilomètres de Perpignan.

—

Les principaux cépages de cette localité sont : le Carignan et le Grenache.

Principaux propriétaires.

MM.

Rambaud, récolte 300 hectolitres vin rouge 2e qualité ; Carrère Etienne, dit Couinè, 140 1re qualité ; Torreilles François, 130 1re qualité ; Carrère Joseph, 130 1re qualité ; Ballent Gaudérigue, 120 1re qualité ; Finatou Julien, 100 1re qualité ; Pomérols Joseph, 100 1re qualité ; Thérèze, femme Ribeill, 100 1re qualité ; Baixas Paul, 100 2e qualité ; Billeracq frères, 100 2e qualité.

———

Commune de Ponteilla.

—

Vins pesant 12, 13 et 14 degrés.

Principaux propriétaires.

MM.

Lacroix, récolte 250 hectolitres vin rouge 1re qualité ; Granges, 200 1re qualité ; Jau-

bert frères, 500 (le meilleur de la commune);
Labeoulaïgue, 100 2ᵉ qualité ; Valentin, 100
2ᵉ qualité ; Valentin, 100 2ᵉ qualité; L'lamby,
100 2ᵉ qualité.

Commune de Rivesaltes,

Station du chemin de fer, à 9 kilomètres de Perpignan.

Les principaux cépages sont : Le Carignan , Muscat, Macabeu , Malvoisie Blanquette.

Principaux propriétaires.

MM.

Veuve Amouroux, récolte 2,000 bectoli-
tres vin rouge 2ᵉ qualité ; Parès Jean, 2,000
2ᵉ qualité ; Besombes Aristide, 2,000 2ᵉ qualité ; Siugla frères, 1,500 2ᵉ qualité ; Dena-
miel frères, 1,000 (5 couleurs) 1ʳᵉ qualité ;
Besombes Joseph, 1,000 1ʳᵉ qualité ; Donat
frères, 1,000 1ʳᵉ qualité ; Ay Joseph, 1,000
(5 couleurs garanties 1ʳᵉ qualité; Calmon frères, 600 1ʳᵉ qualité, Cayrol frères, 500 2ᵉ
qualité ; Mailly frères, 400 2ᵉ qualité ; Mas-
sou frères, 400 1ʳᵉ qualité ; Amouroux, médecin, 300 1ʳᵉ qualité ; Roig Jean-Pierre,
200 (5 couleurs) 1ʳᵉ q;; Mercader, 200 1ʳᵉ q.;
Bastouil Joseph, 200 1ʳᵉ qualité ; Bastouil
Pierre, 200 1ʳᵉ qualité ; Ay jeune, 200 1ʳᵉ

qualité ; veuve Marty, 200 1re qualité ; Plas Étienne, 200 1re qualité ; Plas dit Tourillou, 200 1re qualité ; Gauze Charles, 300 1re qualité ; Bernis Raymond, 500 1re qualité ; Cabestany, 300 2e qualité ; veuve Sichet, 200 2e qualité ; Montserrat frères, 200 2e qualité; Rancière Bonaventure, 100 1re qualité ; Vе Vassals-Ange, 200· 1re qualité ; Fajous, 200 1re qualité ; Serre Joseph, à la Guinguette, 250 2e qualité ; Delcassou Bartissal, dit Quinze, 150 1re qualité ; Fons Joseph, 150 2e qualité ; Rieu, 100 1re qualité ;. Calmon Jean, 150 1re qualité ; veuve Vassal Eugène, 150 1re qualité ; Calmon André, 150 1re qualité ; Solivet, maire, 500 2e qualité ; Vassals Edouard, 500 2e qualité ; Fabre Pierre, 150 1re qualité ; Panis Jean, 100 2e qualité ; Puig, cordonnier, 100 1re qualité ; Zoé, 100 1rr qualité ; Vidal Etienne, 100 1re qualité ; veuve Plas, 500 2e qualité ; Maury Paul, 100 1re qualité ; Brau Pascal, 150 1re qualité ; Pagès, menuisier, 100 1re qualité ; Taure André, 150 1re qualité ; Bouix Ferdinand, 100 1re qualité ; Vassals Séverin, 500 1re qualité ; Mercades, 200 1re qual. ; Charles, maréchal-ferrant, 100 1re q ; Troum Pierre, 100 1re q., veuve Adrien, 200 1re qualité ; Marty Jacques, 200 2e qualité, Sirac Jean, 200 2e qualité ; veuve Crassous, 100 1re qualité ; Bastouil Louis, 100 1re qualité ; Blanquié 200 1re qualité ; Blanquié Jérôme, 200 2e qualité ; Blanquié Jérôme, boucher, 200

2ᵉ qualité; Calvet François, 100 2ᵉ qualité.

La loyauté dans les transactions qui caractérise le Sieur FRAIXE Paul, commissionnaire à Rivesaltes, nous le fait désigner à MM. les négociants du Nord et du Midi, comme homme probe, connaissant les meilleurs produits du département des Pyrénées-Orientales, et susceptible de pouvoir donner les renseignements les plus exacts au commerce, qui peut lui accorder la plus entière confiance. (*Voiture pour les vignobles*).

HOTEL

DU

COMMERCE

TENU PAR

FRAIXES PAUL.

Commissionnaire en vins

RIVESALTES

Cet établissement, qui était autrefois au centre de la ville, vient d'être transféré sur la route départementale, nᵒ 1, de Rivesaltes à Perpignan.

Les chambres sont bien aérées; la cuisine y est bonne; nous le recommandons d'une manière toute particulière à MM. les Négociants, Voyageurs, etc., que l'agrément ou les affaires amènent à Rivesaltes.

VAISSADE père et fils

Commissionnaires en vins

PÈZÉNAS

Spécialité pour ces articles, font les expéditions. Ils se recommandent à MM. les Négociants des départements limitrophes et à ceux du Nord.

Cette maison existe depuis plus de quarante ans pour les grains et farines.

BARTHOU
RUE NEUVE A BÉZIERS.

Ce commissionnaire réunit toutes les conditions nécessaires pour que MM. les Propriétaires et Négociants lui accordent la plus entière confiance.

AU

GRAND DÉPOT

DE

MACHINES

AGRICOLES

et

INDUSTRIELLES.

AU

GRAND DÉPOT

DE

MACHINES

AGRICOLES

et.

INDUSTRIELLES.

CAROLIS

MECANICIEN ,

Rue d'Aubuisson, 36, faubourg St-Aubin

Quarante récompenses obtenues dans plusieurs concours ont fait redoubler d'efforts cet intelligent industriel pour satisfaire sa nombreuse clientèle.

On trouve dans ses ateliers un grand nombre de machines agricoles des mieux perfectionnées, telles que machines à battre de plusieurs forces ; hache-paille de plusieurs genres ; égrenoir à maïs ; faucheuses ; faneuses ; râteaux à cheval ; tarare à main déboureur et purgeur ; trieur de grain ; charrue de plusieurs genres ; pétrin mécanique pour l'alimentation de la race porcine, en un mot, tous les instruments aratoires du meilleur goût et de toute commodité.

MM. les propriétaires et agriculteurs qui honoreront le sieur Carolis de leur confiance trouveront toujours chez-lui, bonne confiance et solidité à toute épreuve.

Au grand Numéro

MANUFACTURE

DE

PAPIERS PEINTS

5

MANUFACTUEE

DE

PAPIERS PEINTS

NESTOR DESTREM

5, RUE DE LA POMME, 5,

TOULOUSE

Médaille d'argent et brêveté du Gouvernement en 1822. Médaille d'or en 1835. Médaille d'or avec éloges en 1840, 1845, 1850.

Cette Maison, la plus importante du Midi de la France, possède un choix considérable de papiers peints les plus riches et les plus variés ; fabrique elle-même, possède des dépôts des meilleures fabriques de France et d'Angleterre ; elle offre au public tout ce qui se fait aujourd'hui de plus riche et de plus élégant.

GROS ET DÉTAIL. — PRIX FIXE.

Papiers à la machine, dans des prix très-avantageux.

NOTA. — La Maison Destrem a une succursale à Montpellier, rue de l'Herberie, en face de la halle.

EXPOSITION UNIVERSELLE DE LONDRES.

Fabrique de Pianos

CROPET

RUE MARENGO, TOULOUSE

Le seul facteur de Toulouse qui a reçu une médaille de 2ᵐᵉ classe à l'Exposition universelle de Paris.

Le meilleur problème à résoudre pour domner des pianos à bon marché , est celui de produire soi-même, et surtout avoir passé par toutes les filières de la fabrication , choses que bien de facteurs n'ont pas fait. Les principales counaissances qu'il faut, sont les bois , que l'on doit avoir travaillé soi-même ; alors seulement on peut connaître le fort et le faible, soit pour la construction, soit pour la table d'harmonie, qui est l'âme de l'instrument. On peut , après ces connaissances pratiques, faire mettre telle ou telle pièce, en bas ou en haut , à droite ou à gauche, suivant sa force et sa sonorité, mais surtout qu'il soit sec et en bois du Nord, vu que le bois du pays se pique du ver et qu'il finit par ne plus avoir assez de force pour résister à la tension des cordes, ce qui fait que le piano ne tient pas l'accord.

Fournisseur du Conservatoire de musique depuis dix-huit années, où les pianos sont travaillés douze heures par jour, une telle épreuve doit être un sûr garant de la bonne fabrication des pianos de la maison Cropet. Tous les pianos qui sortent de sa fabrique sont garantis construits avec du bois du Nord. On trouve toujours dans son magasin un choix de pianos droits, demi-obliques et obliques, à un prix au-dessous des autres fabriques.

MAISON A. COULET

Bord du canal, pont Guilleméry

COMPTOIR RUE RIQUET

HOTEL ROMIGUIÈRE

TOULOUSE

Grand entrepôt de vins fins et ordinaires, rhum, cognacs, eaux-de-vie et liqueurs ; absinthe, kirsch, vins d'Espagne, etc.

Cette maison spéciale, fondée par M. Coulet pour la vente de vins fins et ordinaires des meilleurs crûs, se recommande par les excellents produits qu'elle livre à la consommation.

TABLE DES MATIERES.

ANNONCES

TOULOUSE . IMPRIMERIE SAVV.